JN242823

発明対決漫画

発明対決

⑤ 考えを覆す発明

発明対決漫画

発明対決
⑤ 考えを覆す発明

文：ゴムドリco.　絵：洪鐘賢

目次

ミトン手袋
アマガエル
竜巻
マイケルジャクソン
振り子運動
牛乳
鶏
卵ケース
時計
走る
新聞スタンド
ブックスタンド
家計簿
タイムマシン
砂時計
鍋のふた
バネ
夜明け
後ろ向きに走る自転車
生活計画
海
塩
振り子運動
はしご
台所
旋盤
調味料スタンド
棚
ハァ
ハァ

登場人物

ユハン

観察ポイント・対決のテーマを聞いてメンタルが弱いことをさらけ出した、発明初心者。

・落ち着いてからは観察力を取り戻し、周囲の発明品を探すことで「加える発明」の原理にたどり着く。

工夫ポイント　最後まであきらめずに取り組む精神力を持っている。

テボム

観察ポイント・全て完璧に見えるが、絵がヘタなことでかえって人間らしさを見せた。

・討論中にマイケル・ジャクソンのダンスを踊るほどの自由な魂を持つ。

工夫ポイント　枠にはまらない奇抜な発想の持ち主。

ジェス

観察ポイント・ルイが雌鶏だと知ってパニックになる。

・加える発明にヒントを得てジガガイザーのコンプレックスを克服してあげる。

工夫ポイント　意外に鋭い推理力を持っている。

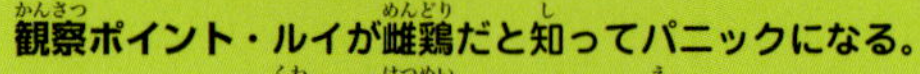

アルム

観察ポイント・さりげなく毒舌を吐き、周囲を凍らせる。

・完璧な準備も無駄にしてしまう、おっちょこちょいな面もある。

工夫ポイント　冷徹な評価を楽しげに話す。

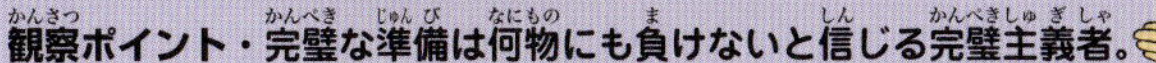

観察ポイント・完璧な準備は何物にも負けないと信じる完璧主義者。
・テボムとブレインストーミングをするが、我慢の限界に達する。

工夫ポイント　興味深い発表で、観客をくぎ付けにした。

観察ポイント・憎まれ口で、ユハンを怒らせることに成功する。
・最後に実力を見せたユハンに内心警戒している。

工夫ポイント　相手の弱点を知り尽くして利用する戦略家。

観察ポイント・テボムがユハンと一緒に笑っているのも気に入らない。
・対決を見るうちに、ユハンの潜在能力に気付き始める。

工夫ポイント　相手の長所も短所もすぐに正確に把握する。

そのほかの登場人物

❶ お肌とスタイルには自信があるカプス。
❷ この大会でBチームの底力を調査するミョンイン。
❸ マイペースに生徒たちを応援するヨンシル先生。

マイケル
ジャクソン
タイム
マシン
振り子
運動
鶏
り子
運動
砂時計
塩
棚
海

第1話 ブレインストーミングはルールを守って！

もう、発明品を考えています。
ザワ
ヘエ〜
ザワ

オホン
あるんですか？

大会の規則上、必ず行わなければいけません。
コナン君が考えたアイデアを具体化するのにも役立つと思いますよ。

そうは言っても、今から行うブレインストーミングは……、
3回戦のテーマである、「反対にする」発明の特別課題ですからね。

シーン
……。

……。

そうですか。
分かりました。

では今から
10分間スピーディーに
意見を出し合います。
アイデアを出す場合は結論から話し、
背景の説明は少しだけなら
許可します。

ではコナン君から
意見を出して
もらいましょうか。
ワィ
ワィ ワィ

始まった！
ワー
ゴクリ
ゴクッ
コク
じゃあ、始めようか。
適当な言葉でごまかしておくか……。
時間の無駄だが仕方がないな。
テボム……。このブレインストーミングで得られるものは何もないぞ。
ジャン

アマガエル！
ミトン
ペタ

ミトン。
靴下を足でなく手にはめ、反対にする発明品だ。

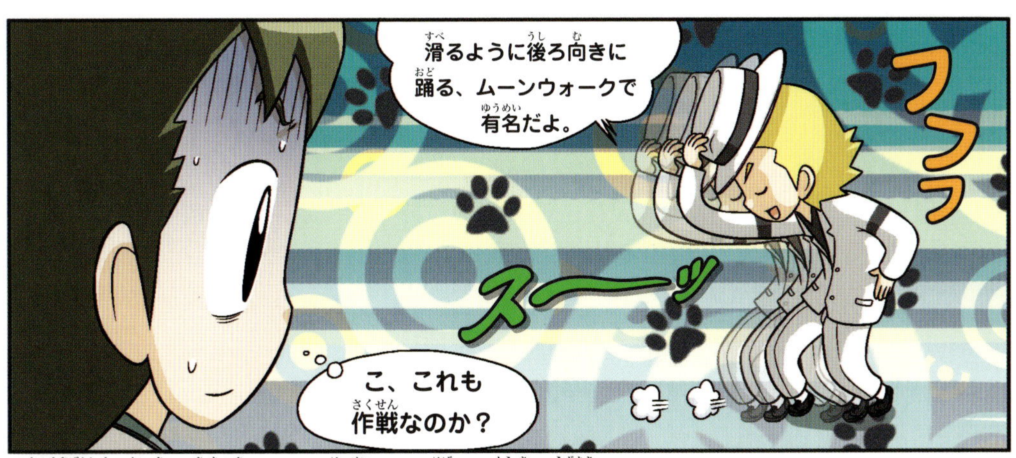

＊竜巻現象　大気の気圧差によって発生する、激しい空気の渦巻。

一定の幅で中心を
行ったり来たりする
振り子運動！
ブラ〜ン
ブラ〜ン
落ち着け。
自分のペースを
守るんだ。

ペタ
ミトン
振り子運動
エル
タイムマシーン！
時間を反対に
さかのぼるよ。
2013
1988
172
167
1546
1492
1337
ウィ〜ン
タ、
タイムマシーン？
じゃあ……。

砂が
落ちる分量で
時間を計る
砂時計！
こいつの
負けは決定だな。
時計か〜。
スタッ
じゃあ……、
鶏！

僕はペットの鶏に、
朝起こしてもらうんだ。
コケコッコー
まだ3時だぞ！

タラッ
鶏……？

ワハハハ。鶏だって～！
ザワ
聞き間違えたかな？
ザワ
ワィワィ
ハハハ

あいつ、見た目とは違って面白いな。
ワィ
ホント～！ユーモア感覚もあるのね。
キャー
すごいこと考え付くのね。
キャー
ムカ
ワィ
何を言い出すか分からない魅力があるな。
ムカ
ピクッ

は?! ユーモア感覚？
鶏のどこが面白いんだ？
メラメラ
いや。面白いぞ。

でも、どんなつながりで連想してるんだろう？
これまでの単語には、何のつながりもないようだけど。
いいえ、ちゃんとつながってるわ。
ど、どこが？
人間の脳には無限の情報が貯蔵されているのよ。
ブレインストーミングはそれを引き出す訓練なの。
でたらめさと奇抜さは紙一重と言えるわ。
目玉焼き！
どんなアイデアでも、たくさん出してみると結局独創的な結果につながることもあるのよ。
おい！
？

もう少し……。
真面目にやらないか？

え、真面目に？

アマガエル、マイケル・ジャクソン、鶏に目玉焼きって、ふざけ過ぎじゃないか？
アマガエル
マイケルジャクソン
タイムマシーン
ヒラ
鶏
目玉焼き
ヒラ

まだ時間がありますから、討論に集中してください。

でも、先生！
いくら自由討論と言っても、テボム君の意見は……。

ブレインストーミングの批判禁止規則は知ってますね？
相手の意見に対して、いいとか悪いとか言ってはいけないんですよ。

ああ……。
そうでしたね。
コク
残り時間は３分です！スピードを上げて意見を出してください。
はい！

時計……、だったら
生活計画表。
ミトン
手袋
砂時計
アマガエル
振り子運動
パッ
パッ
走る
走る？
あ、新聞配達。

新聞配達？
じゃあ、
後ろ向きに走る
自転車。

ペタ
ペタ
ミトン
手袋
鶏
走る
ペタ
砂時計
アマガエル
鍋のふた
ペタ

鍋のフタ。
逆にすると
器の代わりに
なる！

調味料
スタンド。
ペタ
新聞
スタンド。
ペタ
うわ～。
ブック
スタンド。
ペタ
ペタ
棚。
は、早い。
ザワ
ザワ
時計！
クラッ
嵐のように
アイデアが
出てくるわね。

お疲れ様でした。
1次ブレインストーミングの終了です。
ジャン
ハァ
ハァ
ハァ
ハァ

ハァ
これで終わりじゃないってこと？

え、1次ブレインストーミングだって？

ワー
ワー
ブレインストーミングは自由に意見を出すだけで終わりじゃないのよ。
ワー
今までのたくさんのアイデアを、ここから合わせたり改善したりしながら、より良いものに発展させるの。
ククク
もっといいものに発展させるって？
まあ、たくさんアイデアを出したからって、いい結果が出るわけでもないしな。
家計簿
走る
時計
卵ケース
夜明け
バネ
タイムマシン
海
竜巻
ミトン手袋
ジャン
フッ
問題は2人で発展させていくってことよ。

クル
僕は……。

「反対にする」をテーマに、時計を選びたいな。
鶏
卵ケース
走る
牛乳
時計
新聞スタンド
バネ
夜明け
生活計画表
はしご
台所
調味料スタンド
サッ

あ、それなら……。
ピン！
逆さに回る時計はどう？

そんなこと、誰でも思い付くじゃないか。
単純過ぎると思うけどな……。

そうだ、テボム。そのまま、平凡なことを言ってろ。
そうかな？
ボーッ
ボーッ
マイケルジャクソン
振り子運動
タイムマシン
海
鍋のふた
塩
振り子運動

卵ケース
走る
新聞スタンド
ブックスタンド
家計簿
夜明け
バネ
生活計画表
台所
はしご
旋盤
調味料スタンド
鍋のふた
あ！

じゃあこれは？
生活計画表と時計を合わせるんだ。
竜巻
牛乳
走る
ブックスタンド
新聞スタンド
海
夜明け
生活計画表
振り子運動
塩
調味料スタンド
旋盤
鍋のふた
ザッ
生活計画表と時計を……？
そう！
1日の予定を書いておく計画表に時計を付けるんだ。あらかじめセットしておいた時刻に針が来ると、アラームが鳴る。どう？
ピリリ
睡眠
朝食
運動
勉強
昼食
昼寝
ピリリ
どうかな～？
針の動きで音を出すのは、うまくいくかな？

それに「反対にする」技法と、どうつなげるかな？
ウ～ン

あ！
針が動く代わりに……。
時計盤が動けばいいんだ。

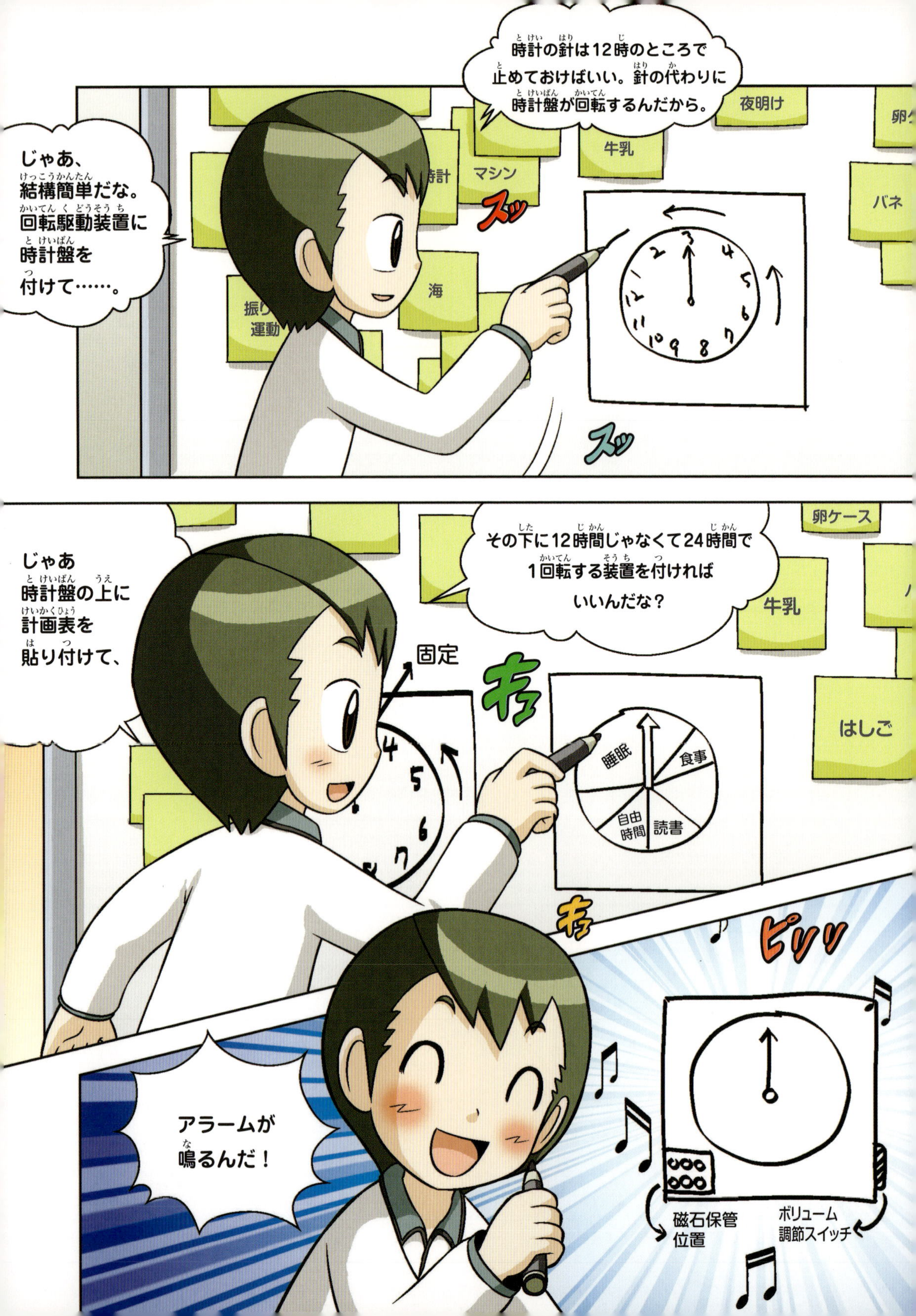
時計の針は12時のところで止めておけばいい。針の代わりに時計盤が回転するんだから。
じゃあ、結構簡単だな。回転駆動装置に時計盤を付けて……。
夜明け
卵ケ
牛乳
時計
マシン
バネ
スッ
海
振り運動
スッ
その下に12時間じゃなくて24時間で1回転する装置を付ければいいんだな？
卵ケース
じゃあ時計盤の上に計画表を貼り付けて、
牛乳
固定
キュ
はしご
睡眠
食事
自由時間
読書
キュ
ピリリ
アラームが鳴るんだ！
磁石保管位置
ボリューム調節スイッチ

時計の下に磁力センサーを付けて、
時計盤の好きな時間のところに磁石を付ければ
その時間に音が鳴るよ！
走る
時計
鍋のふた
新聞スタンド
ブックスタンド
海
時計盤
磁力センサー
針
スッ
夜明け
スッ
スッ
はしご
調味料スタンド
バッテリー
それで、
時計盤じゃなくて
計画表の好きな
ところに磁石を
付けておいて、
その時間に
なると……、
そう！
卵ケース
走る
時計
磁石
睡眠
食事
起床
着替える
自由時間
読書
ブックスタンド
キュ
針
キュ
キュ
ピリリ
磁石保管位置
ボリューム調節スイッチ
そう！

ワィ
ワー
ワー
新しい発明品の誕生だな！
ああやって、アイデアを重ねていくのね。
ワィ

カーッ
魅力だと？
テボム、やるじゃないか！ナレ小のエースを自分のペースに乗せたぞ。
あれはあいつの魅力だな。
ガタッ
ほかに作るものがあるからって、テボムにアイデアをやってしまったじゃないか！
コナンはあれでいいのか？
残り1分です。
残り時間が……、
1分だって？

こういうのはどうかな？
朝が弱い人は、アラームの代わりに鶏の声を録音して使うんだ。
僕は何をしてるんだ？
アイデアをあげてるようなものじゃないか。
もう止めるんだ。テーマを変えなきゃ。
ミトン手袋
マイケルジャクソン
振り子
生活計画表
走る
家計簿
砂時計
鶏
時計
牛乳
調味料
ブックスタンド

時計はこれくらいでいいんじゃないか。
ほかに何か話し合いたいものはないのかい？
え？

あ、あるよ。

これについて
なんかどう？
バネ
時計
サッ
牛乳
卵ケース

ペラ
ペラ
それに、
手に入れやすいし、
何よりも
不便じゃないか。
うん。
安いだろ？
や、安いって？
タラッ
た、
卵ケース？
よりによって、
それか……。

ええっ、もう？
時間に
なりましたので、
終わります。
さて。
サッ

ゴクン
終わった！
２人とも、
何かいいアイデアを
得ることができましたか？
ええ。僕はもう十分です。
フゥ
僕は……。

時間が足りなくて
残念ですが……、
残念
だって？
ハァ〜
とっても
楽しかったです！
ウットリ
キラキラ〜
ハァ〜

いいでしょう。
では、
本来の対決に
戻りましょうか。

これまでの過程を元に、
発明品を製作してください。
パァッ
はい！

これで第３回戦の
特別課題を終わります。
スタ
スタ
？
果たして２人が
どんな発明品を作るのか、
期待しましょう。
ジーッ
走る
ブック
スタント
夜明け
卵
ケース
家計簿
新聞
スタンド
あれ？
なぜここに
……。
クワッ
第１話の終わりで
やっと登場か。
ビシッ
お前、
それでも
主人公
か？

発明実験1　卵の白身と黄身を分ける

水が入ったビーカーに凹んだ卓球のボールを入れて加熱すると、ボールは再び元の状態に戻ります。これはボールの中の空気の温度が上がって体積が増えるためです。このように気体は温度が上がると体積が増え、温度が下がると体積が減る性質があります。ペットボトルで卵の白身と黄身を分ける実験を通して、温度変化による気体の体積の変化を調べてみましょう。

準備するもの　ペットボトル、熱湯、卵、平たいお皿

❶ 黄身がつぶれないように、お皿に卵を割り入れます。

❷ ペットボトルに熱湯を3分の2ほど注ぎ、フタをして振った後、熱湯を捨てます。（火傷に注意しましょう）

❸ 温めたペットボトルをそっと押しつぶして、注ぎ口を黄身に近付けます。

❹ 黄身だけがペットボトルの中に吸い込まれます。

どうしてでしょうか？

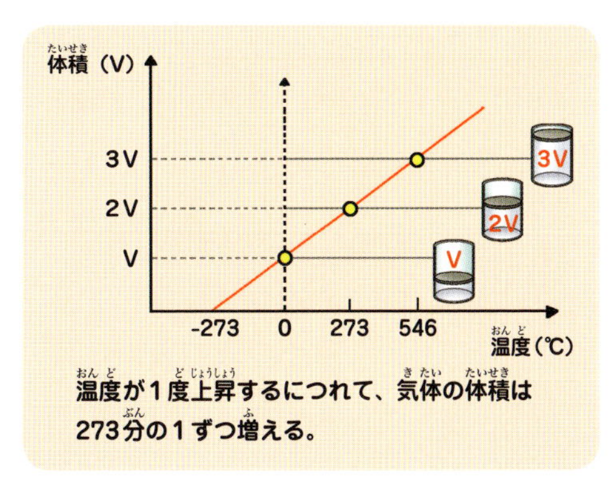

温度が１度上昇するにつれて、気体の体積は273分の１ずつ増える。

熱湯でペットボトルの中を温めると、ペットボトル内の気体の体積が増えます。これはボトル内部の気体の分子運動が活発になり、分子間の距離が広がるからです。その状態からペットボトルをそっと押しつぶすと、空気の一部が注ぎ口から外に出て、その分だけペットボトル内部の気圧が下がります。この時、ペットボトルの注ぎ口に黄身を当てると、黄身は気圧の差でボトルの中に吸い込まれるように入っていくのです。

発明実験２ ビックリ卵作り

白菜を塩水に浸けるとシワシワになりますが、これは浸透現象によるものです。浸透現象とは、濃度が異なる２つの液体を半透膜で分けると、濃度が低い方から高い方に溶媒（例えば水）が移動する現象のことです。このような現象を利用して、ビックリ卵を作ってみましょう。

準備するもの 生卵、酢、ビーカー、絵の具、ビニール袋

❶ ビーカーに生卵を入れて卵が浸かるくらい酢を入れます。

❷ 卵の表面に気泡が現れ、殻が溶けていきます。

❸ 2、3日の間、酢に浸けておきます。

❹ 水で卵を洗うと、殻が全部溶けて半透明になっているのが分かります。

❺ 絵の具を溶かした水に半透明になった卵を入れて、1日浸けておきます。

❻ 赤く膨れ上がった卵を針で突くと、*噴水のように水が飛び出します。

＊机などが濡れないように
ビニール袋の上で行いましょう。

どうしてでしょうか？

炭酸カルシウムでできた卵の殻は、酸性と反応すると二酸化炭素を発生させて溶け始めます。酸性である酢に卵を入れると殻が溶けて気泡が出てきますが、それが二酸化炭素です。また卵の殻の内側に付いている薄い膜は、水は通過させ、水より大きな粒子は通過させない半透膜です。殻が酢に溶けて半透明になった卵を１日ほど水に浸けておくと、卵が膨れ上がります。これはビーカーに入っていた水が卵の半透膜を通過して、より濃度が高い卵の中に移動したからです。このまま卵を１日以上浸けておくと、水の移動が続き最終的に卵は割れてしまいます。

第2話　噂と違うライバル

ワー
ワー
さあ、討論が終わった第３回戦の会場はすごい熱気ですね。
２人とも先ほどとはまったく違う様子を見せています。
コナン～。
キャー
キャー
ワー
コナンファイト!
頑張って！
テボム～。
討論が終わるや否や、材料を集めに行ったコナン君に対して、
ジー
卵ケース
鶏
ズズッ
テボム君はまだ、そのままです。

ふう〜。
サッ
ちょうどいい大きさの箱があって助かった。
でなきゃ、間に合わないところだった。
グイ
じゃあ、始めるか。
サッ

好きな温度に設定できる自動温度調節機。
水を温めるのに必要なヒーター。
穴の開いたステンレスのかご、
電圧を下げる小型の変圧器もあるし、準備完了！
ザッ

自動温度調節機、変圧器……。あれで何を作るつもりなんだ？
ウ〜ン

コナンはもう準備できたようだぞ？
あんなにすぐに揃えられるなんて、前もって準備してたのね。

フッ
あれを見れば一目瞭然じゃないか。

あいつが
作ろうとしている
のは……。
スクッ
ダダッ
じい、
準備はいいか？
はっ、
ぼっちゃま！
シミーつないお肌。
キラッ
クルッ
バラ色の頬。
抜群の
スタイル！
パサッ
シラ～
これも
みんな半身浴の
おかげさ！
モワ
モワ
半身浴？
そう。あいつは
半身浴用の
浴槽を作る
つもりなのさ。
まさか半身浴を
知らないわけ
ないよな？

18世紀の初め、オランダの医師ブルーハーフェが残した言葉さ。
すなわち、頭寒足熱！ 上半身が冷たく下半身が温かいと健康を維持できるという意味さ。
頭は冷たく、足は温かくせよ。そうすれば医者はいらないであろう。
ブルーハーフェ
半身浴は下半身だけを温水に浸かって体の血行を良くするんだ。
しかし、僕らの体は下半身が上半身より5～6度ほど体温が低い。そして極度の冷えは万病の元となる。

半身浴は誰にでもいいというわけじゃないぞ。
それにちゃんとやらないと、副作用を起こすこともあるわ。
カプスは副作用を起こしてるな。
ムカッ
フッ
何だと？

問題は……。
何を作るかじゃないわ。

半身浴の浴槽が「反対にする」技法に当てはまるかどうかよ。
対決のテーマと関連付けられるかがカギだな。

つまり？

テボムは何も思い付かないなら、さっきの「生活計画表時計」でも作ればいいのに。
卵ケース
鶏
融通の効かない奴だな。

でも、テボムはいつも考え抜いた末に……、
私たちを驚かせるようなものを作り出してたわ。

卵ケース
鶏
どうしよう？ルイが生んだ卵を運ぶ時の苦労をどうにかしようと思ったんだけど……。
ウ～ン

卵ケースの不便さ
急いで考えようとしないで、不便なところを書き出してみよう。

卵ケースの幅があるから、人ごみでは邪魔になる……。
まず、持ち手がないからバランスが悪い。
持ち手がないからバランスが悪い。
幅があって人ごみで邪魔になる。
固定されてないから、隙間がガタガタする。
卵が固定されてないから、隙間がガタガタするし……。

フム
分かった！ルイのために何か発明するつもりだな。
ルイ、何それ？

テボムが家で飼ってる鶏だ。
バサッ
家で鶏を飼ってるの？

ああ。義理堅くていい奴だ。
ルイ、会いたいぜ。
フフッ
だから卵ケースに興味があるのね？
雌だけに可愛い名前ね。

ま、待て。
雌？
ギクッ
だって卵を産むんでしょ？

ルイ。
お前は雄じゃなかったのか?!
ココココ
ガ〜ン
？
俺との男の友情はどうなる？

書いてみたら
何か分かってきたぞ。

卵ケースが不便なのは
……。
持ち手がないからバランスが悪い。
幅があって人ごみで邪魔になる。
固定されてないから、隙間がガタガタする。
横に並べるからだ。

卵ケースを縦に
持てるようにできないかな？
持ち手も付けられるし、
薄いから邪魔じゃない。
縦で
グー！
フムフム
ダメだ。
縦にしたら運ぶ時に
安定しないかも
しれない。
あ、
落ちた！
ウ～ン

そうか、
これだ！
卵ケース
鶏
はしご
サッ
はしご
はしご……？
あ。
テボムの表情が
明るくなったわ！
フッ
やっと何かを
掴んだみたいね。

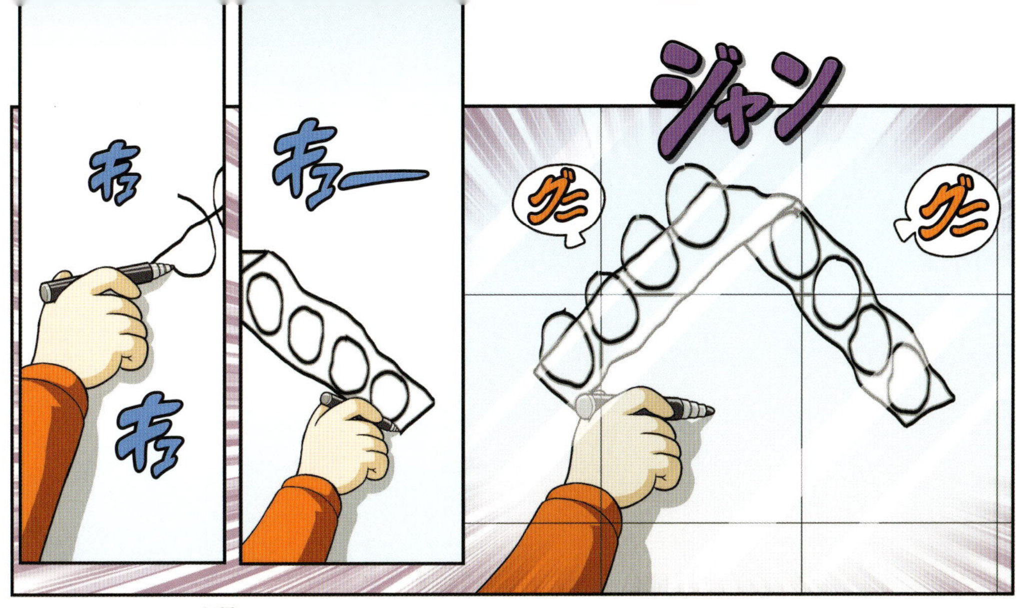
キュ
キュ
キュー
ジャン
グニ
グニ

ガーン
何だ？
あれは？
あれは何だ。ちっとも分からないぞ？
あれじゃ誰も分からないわ。
この世に完璧な人間なんていないのよ……。
ハァ～
立てようとするより、はしごみたいに少し傾けたら卵が安定するんじゃないかな？
そして上に持ち手を付ければ、持ちやす……。
……くないか。やっぱり幅が広がっちゃうか～。
ハァ～

よく分かりませんが表情を見ると、うまくいかなかったようですね。
どうしたんでしょうか？想像力が必要な絵ですね。
卵ケースでしょうか？
ヒ～
鶏
卵ケース
はあ～、ダメだ～。
ハハ

ブレインストーミングからよい発明品を生むのも大事ですが、

時間配分にも気を付けなければいけません。
ハッ、時間！

でたらめな噂だとは分かってたが、こんなにも大したことないとはがっかりだな。
フッ

どうなってるんだ？お前の話と違うぞ？
ハハハ
いや～。本当にそう聞いたんだけどな～。

対決前日

明日、要注意なのはテボムだけだ。
奴には、別名がいくつもあるんだ。
発明の天才
リサイクルの達人
発明スター
発明王子
発明界のアイドル
廃品再生者
発明界に敵なし
名医テボム
発明界のマイスター
ジャン
そんなに？まさか～。

よく聞け！テボムの伝説は数十にも上るんだ。
伝説だって？

本当だよ！奴が大会に出るとみんなバラバラ落選するんだ。
え？
コクコク

負け知らずの発明大会荒らしとも言われているらしい。
ダダダダダダ
ランバー
ヒー

一目見ただけで、その機械の設計図を書けるらしい。
チラッ
故障した電化製品も、ツボをつくように指１本で新品同様にするんだって。
ピッ
シュ〜
それだけじゃない。設計図は足で書くって聞いたぞ！
まさか。そんな人間いるわけないだろ？
プッ
も、もちろん、誇張されてるとは思うけど、そう言われてるんだ。
そんなにすごい奴だって言うのか……？

僕たちは明日の全てのテーマについて入念に準備してあるんだ。
できれば僕は、その噂の主と対決してみたいな。
例えどんなすごい奴だとしても、僕たちにはかなわないさ。
どんな天才だって、完璧に準備してきた者に勝てるはずがない。
う、うん。そうだな……。
現在
は～。
やはり、ただの噂だったな。
フッ
だが、これで終わるのは物足りないな。
テボム……。君は本当にこの程度の奴なのかい？

新聞
スタンド
ブック
スタンド
卵ケース
鶏
幅が広がりすぎて
失敗T_T
はしごのようにすると、幅は広がってしまう。
大きさはクレパスケースくらいが適当なんだけど……。
クレパス
ジャン
狭くて取り出しにくい。
でもそれだと取り出しにくいか？
空間が広々～！
空間
ウ～ン
取り出しやすいように、高さを広げようか？
いや、卵を寝かせると空気孔の気室が塞がって、鮮度が落ちちゃう。
カラザ
黄身の両側に付いていて、黄身を中央に固定する。
ラテブラ
卵黄の中心部にある5mmほどの組織。
卵黄
タンパク質と脂質が多く、ビタミンや無機質も含まれる。
卵白
濃厚な部分と水のような部分がある。
卵殻
卵の内部を保護する殻で、新鮮な卵の表面はザラザラしている。
気室
卵の空気孔で、気室を上にして保管した方が長持ちする。
卵の構造
苦しい！

調味料スタンド
調味料スタンドも卵ケースみたいに並べてあるな……。
あ、そうだ。調味料スタンドだ！何で気付かなかったんだろう？
ポン
キッチンで使う調味料スタンドは、
立ててるから、調味料が落ちないし。
コト
パカ
ジュ〜
それに斜めになってるから出し入れもしやすい。

＊ユーリカ　「分かった」という意味の古代ギリシャ語。
天才科学者のアルキメデスが浮力の原理を発見した時に言ったとされている。

いつも、作り始めるのに時間がかかるな。

即興の発明対決は時間との勝負だぞ。
フン
もう勝敗は決まったな。

そうね……。
でも本当にそうかしら？

ゴソ
ゴソ
あったぞ！
良かった。
カチ
カチ

テボム君がすごい速さで作り始めましたね。
サッサッ
列に沿って卵ケースを切り取り、色々な角度の三角柱を作っていますね。
コト
何の迷いもなく、作っていますよ。
サッ
サッ
コト
さっきまであれほど悩んでいたとは思えない速さですね。
ピン
へ～

ブラ～ン
ブラ～ン

30回！
ブラン

ザッ
ザッ
30度
45度
60度
1
2
3
4
5

あいつ、何をやってるんだ？
さ、さあ。
ザワ
また始まったわ……。
ザワ

ちょっと、あれを見ろよ。
ヒモを弾いてるぞ。
ワィ
ワィ
ワィ
真面目にやってるの？
ハハハ

ブラ～ン
あれは……？

ワィ
ワィ
何だか騒がしいな？
ワィ

まさか、あの卵ケースで勝負しようと言うのか？
僕の作品とは比べ物にならないな……。
思ったよりつまらないな。
フッ
ワィ
ワィ
ワィ
まあ、準備して来なかったんだから当然か。

先ほどからテボム君は、ヒモを弾いてばかりですね。
ずっと同じことをしているのは、何かの確認でしょうか？
後で分かるでしょうが、それにしても……。
ハハ

それよりも第４回戦のユハン君が心配ですね。

開始からずっとあの状態ですよ……。
ウ〜ン
ウ〜ン

何も思い付かない！
もうダメだ。
ガガーン

エアコンの発明

空気の温度を下げて、室内を快適で涼しい状態にしてくれるエアコンは、1902年、アメリカ人のウィリス・キャリアによって、最初に発明されました。

ある機械設備会社の社員であったキャリアは、仕事の取引先だった印刷所から「真夏のひどい蒸し暑さで紙が膨張してきれいに印刷できない」という悩みを聞き、それを解消しようと考えました。パイプで熱い蒸気を循環させて空気を温める暖房のように、冷たい水を使えば冷房もできるのではと考えたのです。彼は室内の空気をフィルターで吸い出して冷蔵コイルに送り、湿気を取り除いた涼しい空気を室内に送り出す装置を作って、印刷所の温度と湿度を同時に下げることに成功しました。こうして発明された初期のエアコンは、しばらくの間、機械を冷却する用途にしか使われませんでした。しかし、キャリアはこれに止まらず、事務室やホテル、病院などにエアコンを設置して、人々の生活空間を涼しくしようとしたのです。こうした彼の情熱と努力で改善されたエアコンは、人々の生活を便利にしてくれただけでなく、暑さが原因による病気の死亡率を減少させました。

©Shutterstock

室内の熱エネルギーを外に出す、エアコン。

しかし、エアコンは私たちの生活を豊かにしてくれると同時に、地球温暖化を促進させる原因の1つにもなっています。室外機を通って室内の熱が外に出て外部の温度を上昇させるだけでなく、エアコンで温度を下げるために用いるフロンガスは地球のオゾン層を破壊するという問題を抱えているからです。

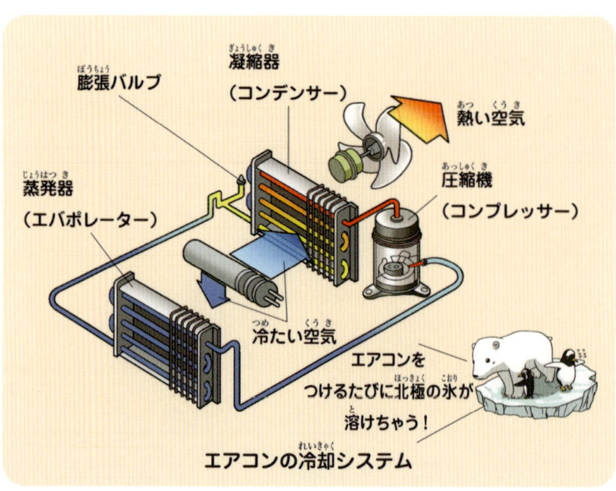

エアコンの冷却システム

ルイ博士の発明室 1

数人が集まって、頭の中に嵐のように沸き起こる
アイデアを自由に出していく、集団発想法なんだ。

ブレインストーミングは５～７人が適当で、
決まった時間内に参加者全員が順序に
関係なく自由にアイデアを出せる。

しかし、進行する司会と記録する書記は
必要なんだ。アイデアを
整理するために。

自由な雰囲気で討論することに
効果があるんだ。他人のアイデアに
便乗して意見を言ってもいい。

30秒なら30秒、１分間なら
１分間、決まった時間内に
アイデアを出さないと……。

第3話

加える発明品を探せ！

ゴクリ
カチ
コチ
カチ
コチ
ボーッ
ユハン君はテーマに苦戦しているようですね。
加える発明は、身の回りにもたくさんあるんですけどねえ。
チェッ
加える発明が何か、分からないんだな。
自分は分かってるのかしら？

計算も足し算が基本だけど、発明も同じなのよ。
じゃあ、加える発明は発明の基本なのか？
そうよ。加える発明は、２つ以上の物を合わせてよより便利なものにする技法なの。
A＋B技法
異なる２つの物を加えて新しい物を作る、加える発明技法。
鉛筆＋消しゴム＝消しゴム付き鉛筆
靴＋車輪＝インラインスケート
ブラウス＋スカート＝ワンピース
A＋A技法
同じ種類の物を加えて便利さを追求する、加える発明技法。
椅子＋椅子＝両面椅子
カミソリ＋カミソリ＝両面カミソリ
物同士を加えるだけじゃなく、
ザッ
機能を加えることもできるのよ！
冷凍
冷蔵
保温
炊飯
ラジオ
時計
冷凍冷蔵庫や保温炊飯器、時計付きラジオなどは、機能の一部を加えた発明よ。
これくらい知らないとは、まだまだだね。
ハハ
ま、まだまだ？

ツン
ツン
何？
あ……。
ボン
対決のテーマを聞いて思い付いた発明品があるんだ。
ゴムでできた伸び縮み自在の腕とバネの足。
加える発明技法で生まれた、プラモデル界の異端児。
ジャン
見よ。手足が長くなった「ゴムゴムガイザー」だ！
加える発明なんて簡単、簡単！
ウハハハ
何でも付ければいいってもんじゃないわよ。

ああ～、どうする。
何でもいいから
くっ付けるか？
ウ～ン
どうする、
どうする？!
加える発明、
バンザーイ！
ハハハ
ウ～ン
サッ
おや～、
まだこんなところに
いたのか？
うう……。
ウ～ン
ウ～ン
こいつ、
無視かよ。
クワッ
ビクッ
おい、
聞いてる
のか？
フン
お、起きた
みたいだな。
居眠りしてるのかと
心配してやったん
だぜ。
心配？

大きなお世話だ。今、材料を探しに行くところだったんだよ！
悩むくらいなら、本当に昼寝でもしたらどうだ？
今よりは早く時間が過ぎるぞ。
そりゃそうさ。対決相手の悩みは自分の悩みでもあるからな。
ガバッ

メラ
な、何だと？
メラ
そりゃ、良かった。
どうせ、テボムがいなけりゃ何も作れないだろうけど。
プッ

口が達者なのと自信家なので有名だけどね。
実はボムスの実力は大したことないのよ。
ムカ
そうだ。ボムス！
そうだった。アルムが相手のペースに飲まれるなって言ってた。
ムカ

俺、誰かと違って忙しいから、失礼！
ハハハ
メラメラ

スン
これくらい怒らせればいいかな？
あいつ、わざと俺を怒らせてるんだ。
動揺しちゃダメだ。

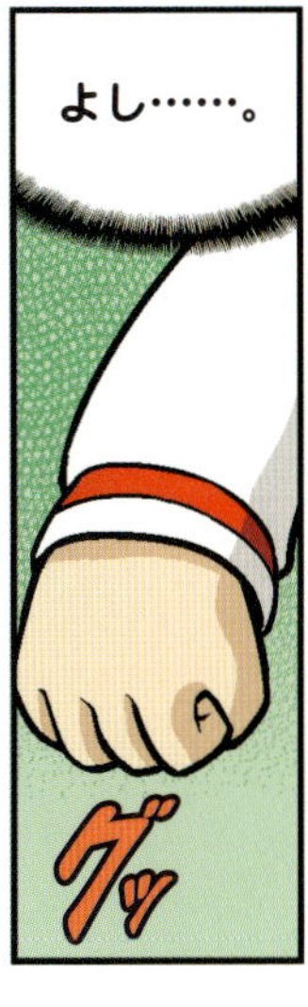
よし……。
グッ

スーッ
落ち着け！

フーーッ
ちょっと冷静になったぞ。
こんな時は深呼吸が一番だな。

スク
とりあえず、何があるか見てみよう。
行くか。

対決開始から、初めてユハン君が動き出しましたね。
資材置き場に材料を探しに行くようです。
スタ
スタ

加える発明
だから……。
ピピッ
キョロ
ゴミ箱はダメだし、
ピピッ
キョロ
缶もダメ……。
ピピッ
ピピピピピ
フム
あれ？ 資材置き場に
バナナ牛乳があるぞ。
チョコスティック
バナナ牛乳
何でも
あるんだな。
ま、待てよ。
バナナ牛乳？
ピンポーン
これって
バナナと牛乳を
足したものか。
食品も発明の1種!

チラ
待てよ！
双眼鏡……。
キャ～
テボム
見える～！
まだヒモを
弾いてるわ。
キラ～ン
あれも加える
発明品？
望遠鏡を２つ付けて、
遠くの物を近くにあるように
見せてる。

結構あるんだな？
キョロ
キョロ
カシャ
特ダネだわ！
ピッ
ピッ
ピッ
お、スマートフォンで写真を撮ってるぞ。
そうか。通話だけだった電話機に撮影、読書、音楽鑑賞の機能が付いて今の形になったんだ。

発明対決の行方は……。
サラ
サラ
ノートにスプリングを付けた、リングノート。
3色のボールペン合わせた、3色ボールペンも、加える発明だ！

ユハン君は材料を探さずに、会場をうろつき始めましたよ。
キョロ
キョロ
スタ
スタ
どうも、この中から加える発明技法のヒントを探すようですね。

マイクとヘッドフォンの機能を
足したヘッドフォンマイク。
今からヒントを
探すんですか？
ズル
あれなら両手が
使えるし、便利だな。
あれは……。
ポケットに挟めるように
クリップを付けたのか。
万年筆だ。
この対決は、
どんな結果になる
でしょうか？
目覚まし時計は、
時計に
アラームの
機能を
加えた発明品
なんだ。

ジガガイザーの
腕が……。
ブラ
ブラ
まさか。

ん、
ジェス？
ワィワィ
ワーワー
ブラ
ブラ

完璧なジカガイザーにもコンプレックスがあるんだ。
何だよ？
ブッ
ブッ
手足が短くて敵を掴めないんだー！
クーッ
致命的だな。
ブラン
ブラン
加える発明をヒントに、
この前言ってたところを改良したのか？
じゃあ、俺も……。
ハッ
いつも足りなくて困ってたことを改良すれば……。
ピカッ
そうだ。俺も身長が足りなくて不便だったんだ。それにしよう！

お、
俺の応援が
届いたな！
コク
コク
まだ、
これからよ。
スーッ
マインドマップ書くだけで
時間が終わるわよ。
す、鋭い……。
ブツ
テーマは
「長さを加える」に
して……。
ブツ
身長も
長さだから、
長さを加える
何かいい
アイデアが湧くかも
しれない。
長さを加える
理由
自信
虚勢
外見
長所
短所
背が高くなる靴
自信 UP
外見 UP
人気 UP?
価格 高い!
ばれたら? 最悪
偽物の自分
嘘
ろの席
身長が
低くて、
サラ
不便だったことを
書いてみよう。
サラ

考えを整理するには
マインドマップを書けば
いいんだったな。
ワィ
ワィ

うん？
ワィ
オー
ワィ

オオー
ワィ
ワィ

ワー
あ、あれは……?!

ワィ
ワー
ワィ
ジャン
サラ
サラ
サラ
これはすごい！
マインドマップを書いていますね。
ホォ
すごい速さで……、

さっきまで、何も思い付かなかった奴が……。
ワイ
何か木の枝みたいに書いていってるわ。
すごいわね。
ワー
ワイ
す、すごい集中力だ！
何を作るのか、楽しみだな。
うんうん。
ワイ
ヘエ〜
ワイ

いや、今から何ができる？俺に追いつけるもんか。
フッ
自分のことに集中しよう！

ゴク
あのスピードは油断できないぞ……。

ユハンがついに実力を発揮したのか？
サラ
サラ
サラ
サラ
流石だな。

ワー
ワィ
ワィ

チェ
どうせ負けるのに……。バカな奴らだ。
ううん……。

僕も負けられないや。スピードアップだ！
エヘヘ

ワィ ワィ
ワー
頑張って。
ユハン、ファイト。
いいぞー。
それに、
三脚だ！
瞬く間に会場全体を自分の味方にしてしまった。
……。
この前までは何も知らなかったのに、一体いつの間に……。
ブツ
ブツ

ダメだ。これじゃ、テーマに合わない！
パッ

カメラを固定するのに、3本足でバランスを取る三脚も長さを調節できるから……。
首の部分を曲げられる材質に変えて、活用できないかな？

次ははしご。

縄ばしごもあるぞ！
ちょっと違うけど、太鼓はしごもあるし、

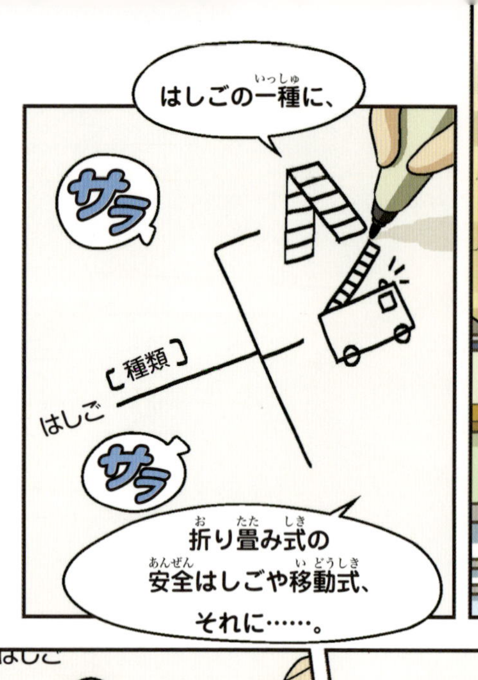
はしごの一種に、
サラ
はしご
【種類】
サラ
折り畳み式の安全はしごや移動式、それに……。

木、アルミニウム、プラスチック、丈夫な縄など。
折り畳み式
移動式はしご
太鼓はしご（うんてい）
縄ばしご
アルミニウム
プラスチック
縄
【素材】
移動式はしご
太鼓はしご（うんてい）
縄ばしご
【素材】
類】
素材は色々ある、と。

ウ〜ン
移動式のはしごは火事の時、消火や救助活動でも使われてる。
よく使われてる折り畳み式はしごは……。
ブツ
ブツ
サラ
サラ
家や学校で高いところにある物を下ろす時に使う。

いつも
はしごを
使う時に不便な
ことを考えて
みよう。
今度は、

それに
太鼓はしごは、
体力作りに
使えるように、
反対にした発明品か？
サラ
サラ

まず、重い。
僕でも重いのに、
女の子が運ぶのは
大変だ。
ヨイショ
地面が
平らでないと、
立てられないし
危険だ。
グラッ
不便な点か……。
〔不便な点〕
サラ

待てよ……。
降りずに
窓拭きをする？
ピタ

そうだ、高い窓の
拭き掃除は不便だ。
ムカッ
クワッ
降りずに
拭けたら、
どんなに
楽だった
か！
一体、何回
登り降りした
ことか。
ウ～ン

俺の足にはしごを付けたらどうだ。
足とはしごが1つになって長くなったら？

ジガガイザーの足にバネを付けたように……。

これだ！
ガバッ
すぐに材料を探さなきゃ！
最も背が高い男、ユハン
ジャーン
身長
218センチ
総合格闘家
チェ・ホンマン選手

せり小学校のユハン君、すごい速さで材料を集めています。
ゴッ
ササッ
ゴッ
ダダダッ
わずかな残り時間で発明品を完成させられるのか、観客の皆さんも見守っていますね。

ザラッ

はあ。
時間がないぞ！
ドザ

仕方ない。一番簡単なやり方で作ろう。
ザッ

カチャ
カチャ

ついに作り出したわ！
腕まくりするからには、すごいものができそうね。
ピキ

ま、まさか、自分で作るのか……。
当然でしょ。ほかに誰が作るのよ？
ブツ
ブツ

10
グルグル
カタ カタ カタ

9
8
キュー

6
カタ カタ
5
カタ カタ

7
4
3

パッ
1
ピーッ

2
さあ、3時間が経ちましたね。
3回戦、4回戦の生徒は前に出てください。

この後半戦で勝敗が決まりますね。後は発表を残すのみです。
ジャン
果たして、この４名はどんな発明品を見せてくれるのでしょうか？
ワーー
ワィワィワィワィ
ゴク

戻ろうとする力、弾性力

泥や粘土は手で押すと押した跡がそのまま残りますが、バネやゴムなどは力を加えても元の状態に戻ろうとします。このように力を加えると形が変わっても、その力が消えると元の状態に戻ろうとする性質を「弾性」と言い、この時に作用する力を「弾性力」と言います。弾性力は、身の回りの様々な場所で見ることができます。

ばねばかりの弾性力

鋼鉄を細く切ってねじのように巻いて作ったバネには、引っ張ったり押したりしても元の状態に戻ろうとする弾性があります。バネでできた秤に重りを付けると、重りの数が増えるたびにバネの長さは一定に伸びるので、その原理を利用して物体の重さを量ることができるのです。ばねばかりには地球の重力を考慮して目盛りが刻まれていますが、測定する場所の高度や緯度によって少しずつ誤差があります。

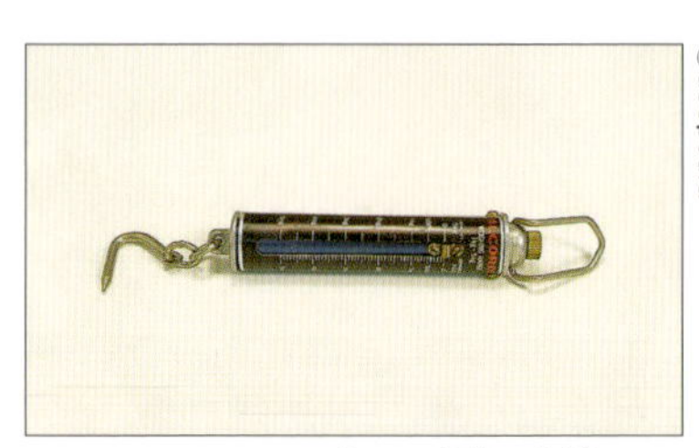
ⓒdoopedia

ばねばかり　バネが伸びる部分に目盛りがあって、重さを量ることができる。

ボールとラケットの弾性力

球技種目のほとんどはボールの弾性力を利用して競技を行っています。バスケットボールは床にぶつかった時に一瞬形が変わりますが、すぐに元の形に戻って跳ね上がってきます。この性質を利用してドリブルを行うのです。テニスやバドミントンのようにラケットを使う種目も、やはりラケットの網の弾性力を利用してボールを前に飛ばします。ラケットの網は、牛や羊などの動物の腸で作ったものとナイロンなどの合成繊維でできたものがありますが、動物の腸で作ったものの方が弾性力が大きく強度も強いです。

ⓒShutterstock

網の弾性力が大事なテニスのラケット。

運動競技の弾性力

ポールの弾性力を利用した、棒高跳び。

　棒高跳びはポールという道具を使う陸上競技で、助走でスピードを上げてからポールを地面につき、その弾性力を利用して高く飛び上がります。ポールの弾性力が強いと選手は高く飛ぶことができるので、棒高跳びの記録はポールの材質の発展にかかっているとも言えます。初めは木のポールを使っていましたが、より弾性の高い竹、金属のポールへと発展し、最近では炭素でコーティングしたグラスファイバーのポールが使われています。また、オリンピック種目の１つであるアーチェリーも、弾性の原理が重要な働きをしています。選手が弓を引くと弾性力が作用し、矢を前に飛ばすことができるのです。

ゴムの弾性力

　熱帯地方で育つゴムの木の樹液から作るゴムは、弾性力が非常に高い物質です。ゴムは温度が高いと弾性力が高くなり、温度が低いと弾性力も低くなります。ガムを噛みながら冷たい水を飲むとガムが硬くなり、温かい物を飲むと軟らかくなるのも同じ原理によるものです。弾性が高いゴムは約10倍にまで伸びることができますが、完全に元に戻らない場合もあります。これは物体が元の状態に戻る弾性の限界を超えてしまった場合に起こります。

　また、弾性力を持つゴムは、衝撃を吸収することもできます。例えば、自動車が石を踏んでも、ゴムでできたタイヤがその衝撃を吸収するクッションの役割を果たしてくれるので、大きく揺れないようになっています。

天然ゴムの原料である、ゴムの木の樹液。

第4話

両エースの全面対決！

ワー
ワー
3回戦の対決は、ナレ小のコナン君から発表を始めてください。

こんにちは。
ナレ小学校のコナンです。

チラ
テボム……。
ワー
スタ
スタ
笑っていられるのも今のうちだ！
キャー
ワー

コナン君は発明クラブに入ったばかりですが、
高い実力を持っていると、評判ですね。
ピッ
大好き～。
格好いい！
ワー
素敵！
喋ったわ。
キャア。
僕の方がもっと格好いいぞ。
クワッ
ついに、2人のエースの登場よ。
どっちが勝つのかしら？楽しみ！
当然コナンだよ。発表がすごく面白いらしいぞ。
私もコナンが勝つと思うわ。
それは分からないわ。私はテボムに1票！
サッ
まずこれを見てください。
頭寒
足熱
カシャ
僕の発明は、この3枚の画像に関するものです。

ザワ
ザワ
お風呂。
血液循環。
頭寒足熱。
頭寒
足熱
ザワ
ザワ
興味深いスタートだな。

足熱
これから何を連想しますか？

連想させることで、観客の興味を引くのね。
冬かな？
銭湯。
あ、温泉！
フ～ム

正解は……。

半身浴です。

温かい物体は
下から上に移動するという
物理の法則を人体に応用したもので、
下半身をお湯に浸けると血液循環を
良くしてくれるという
健康入浴法です。
しかし体を
温めるのに
時間がかかり、
お湯の温度も
適温にしなければ
ならないので
面倒です。
また、水を
使い過ぎるという
問題があります。

だったら、
水じゃなくて
ほかのものに
すれば
いいだろ〜。
そんな簡単に。
お！

僕は水を節約する
必要性に注目しました。
半身浴の原理は
体温が低い下半身から
血液の循環を良くして
新陳代謝を促すところに
あります。
だったら
下半身を温めるのは
水以外にも何かないの
でしょうか？
まさか、
本当に……。
そこで……。
サッ

「水のいらない半身浴用浴槽」を
作りました。
パッ
おお！
審査委員
そんなこと
できるの。
ザワ
水がない浴槽？
ザワ
だから「反対」
なんだろ？
ザワ

ガーン
うわっ！
フッ
まあ、
お前じゃ
コナンには
かなわないさ。
驚いた
ようだ
な。

い、今頃
気が付いたのか？
コナンは生活計画表時計を
作ると思ってたのに……。
ゲッ
ボーッ
いつの間に、
あんなのを？
本当に自分のことしか
見てなかったんだな……。

面積や実用性を
考えると、
この浴槽は椅子型に
なっています。
あぐらをかいたり、
横になって半身浴を
することもある
でしょうが、
スチャッ

腰掛ける姿勢で半身浴をするのが
ベストだと考えました。
ストン

そして、水の代わりに
何で下半身を温めるかというと、
ピッ

温めた
空気を使うことに
しました。
温めた空気
加熱室
加熱室で温めた空気を循環させて、
下半身を温める方法です。

＊熱伝導率　1秒当たりに物体を通して伝わる熱エネルギー。物質の種類によって熱伝導率が異なる。

水蒸気なら
どうでしょうか？
ジャン

水蒸気か〜。
ハッ

おい、
あいつは敵だぞ。
コナン、
すごいぞ！
キャ〜
何だ？　こいつ。
ワー
ワー

液体である水は0度以下で個体である氷に、
100度以上で気体である水蒸気になります。
氷：固体
水：液体
水蒸気：気体
0度
100度
ピッ
水蒸気は
水より熱伝導率が低いですが、
水蒸気を循環させることで
熱伝導率を高めることができるんです。

デジタル温度調節機
背もたれ
腕置き
パッ
両側に腕置きを付け、椅子に座って楽に半身浴を楽しめるようにしました。デジタル温度調節器を付けたので温度を調節することもできます。

また、フタを閉めると読書台にもなります。
座面の下に水蒸気発生室を作って、制御室は漏電しないようにきちんと内部で分けています。
座面
水蒸気発生室
これで、スイッチを入れるだけで……。
カチ

シューーッ
いつでも便利で環境にもやさしい半身浴用の浴槽を使えるんです。
パッ
ピーッ
すごいぞ。
発表時間ぴったりだ。
オオーーッ
あれ欲しいわ。
ワーーッ
あんなのができるなんて。
ワー
ワァーー
オオー
完璧だ！
フフ……。
見たかい？これがお前と僕の実力の差だ。

コナン君の発表が終わりました。
とにかく、僕の勝利は確実だ。
クス
キャ〜
ファンになったよ〜。
コナン、最高！
止めろって。
そ、そんなに感動したのか？
ワー
パチ
パチ
パチ
パチ
ワー
次はせり小学校のテボム君の発表です。
久しぶりに完成度の高い発明を見たな。
さぞかしテボムは緊張してるだろうな。
ワィ
ニヤ
ワィ
ワィ
テボムの番だな。

シ〜ン
サッ

せり小学校のテボムです。
ペコ
キャー
パチ
パチ
サッ
ピッ

パッ
ああ〜。テボムが描いたのね。
自分で描いたのか……。
何だ、あれは？
ワー
ペンギンか？
個性的だな。
キャ〜
ハァ〜

僕の家には
1羽の鶏がいます。
名前はチョウ・ルイ。
よく卵を産むんです。
いつか
ルイのような
鶏を30羽くらい
飼うのが夢です。
その日のために、
安全で安定した
卵ケースを
作りました。

きっと家に
動物園が
あるのよ。
家で鶏を
飼えるの？
王子様なんだから、
当然よ～。
わあ、
本当？
ムカッ

ピキッ
ギロッ

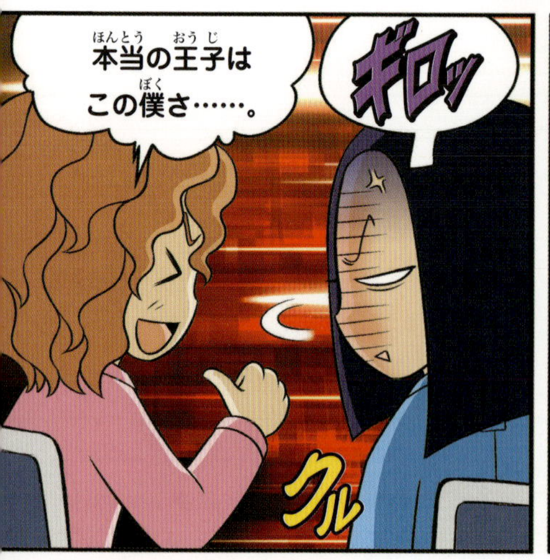
本当の王子は
この僕さ……。
ギロッ
クル

ヒュ――ッ
黙ってる
のが
一番だ。
カチン
コチン

でも、今の卵ケースは持ち歩くのに不便でした。
持ち手がなくて、バランスを取るのが難しく、
幅を取るので、運びにくいんです。
グラ
グラ

ええ、あれは不便ですね。
暮らしの中の不便を改善するんですね。
いいですね。

ブレインストーミングで出たアイデアの中にこの不便さを解消する糸口がありました。

コナン君が出したアイデアがすごく役に立ったんです。
何だと？
それがこの調味料スタンドです。
サッ
調味料スタンド

調味料スタンド？
さあ～。
それが卵ケースと関係あるの？
卵ケースが持ち運びにくい理由は横に並べるからです。
横に並べるとどうしても空間をたくさん必要とするし、持ち手を付ける場所もありません。
そんな問題を解決するにはどうすればいいでしょうか？ケースを……。
サッ
縦にするんです。
グイ
キャ～
わっ！
落ちる～。
ですが、縦にすると卵は落ちてしまいます。
卵の生みの親に怒られてしまいます。
パッ
ピッ
ハハハ

ここでさっきの調味料スタンドの文字が目に入りました。
パッ
キッチンにある調味料スタンドも、卵ケースも横に広げて置いています。
調味料スタンド
このスタンドを縦にするとどうなるでしょう。調味料も落ちるでしょうか？

いいえ。固定してあるので、このスタンドを縦にしても調味料は落ちません。
スタンドには適度な傾きがあって、調味料を支えているからです。
この原理を応用して、縦に持てる卵ケースを作ってみました。

へえ、思ったより簡単ね。
オオ〜
あれなら私にもできそう。
安定する角度を見つければいいのか。
ホオ〜

観客が感心してるわ。
暮らしの中の不便さを、解消するのが発明の第一歩よ。
ワー
フッ
ワー
テボムはそれを自然に理解してるのね。

角度 ＼ 振動回数	1	2	3
30度	30回	30回	30回
45度	8回	9回	9回
60度	2回	1回	2回

30回ずつ5回実験した結果、30度が一番安定する角度だと分かりました。
角度 振動回数 1 2 3 4 5 平均
30度 30回 30回 30回 30回 30回 30回
45度 8回 9回 9回 7回 8回 8.2回
60度 2回 1回 2回 2回 1回 1.6回

それで揺らしてたのか。
ヘエ〜
ホオ〜
ワィワィ
さっき一生懸命揺らしてたやつね。
確実な検証を踏んで発明品の信頼度を上げるなんて。
きっと点数が加算されるわ。
やるじゃない！
この実験の結果から、傾斜30度の三角柱を使うことにしました。
こうして完成した僕とルイの夢の卵ケースを紹介します。
フフ〜

フタがおしゃれな
卵ケースです！
ジャーン
余談ですが、
フタを透明な素材にすると
中の様子が確認できて、
なおグッド！
ペコ
これで僕の発表は
終わりです！
ピーッ
両者とも、
前に出てください。
ワー
良かったぞ。
これも
すごいぞ。
パチ　パチ
ワー
質疑応答の時間です。

素朴だが、実生活の不便さを解消した発明品と、
難易度が高く高価な発明品か……。

お互いの発明品について、感想はありますか？
はい。
はい。
？

コナン君の発明は本当にすごかったよ！
グー

お、おい。
ズルッ

熱伝導率まで考慮して作るなんて。でも……。
でも？

タイマーが付いてたら良かったのに。
パッ
フルフル
加熱すると危険かもしれないし……。
電気代もかかっちゃう！
タイマーがあれば、解決するけどね。
節約しなきゃ。

コナン君はテボム君の発明について何かありますか？

いいえ、特にありません。
ありがとうよ。実力不足のテボム。
ただ……。面白かったです。

では２人とも席に戻ってください。この後、審査発表があります。
タタッ
スタ
スタ
コナン、待って。
何だ？
あのさ。
さっきの生活計画表時計なんだけど……。

これが終わったら2人で作らないか？
な、何で？
だって……。
一緒にアイデアを出したんだから、2人で作ればいいじゃないか。
悪いが、関心ないよ。
作りたいなら1人で作れよ。僕は忙しいんだ。
クル
あ。

じゃあ、作ったら見せるよ。
ありがと～。
テボム。変わった奴だ。
スタ
スタ
スタ

スプレー付きガラスクリーナー

発明報告書	
発明の動機	柄の長い*ガラススクイジーを使って高いところのガラスを磨く時に、手が届かないのでガラスクリーナーを吹き付けることができません。はしごなどを使わずにこの問題を解消するため、高いところにも吹き付けられるものを発明しようと思いました。
準備するもの	スプレー式ガラスクリーナー、ガラススクイジー、透明チューブ、強力接着剤、粘着テープ、カッター、洗剤
注意事項	❶ カッターを使う時は、必ず大人に手伝ってもらいましょう。 ❷ 透明チューブは軟らかい材質のものを選びましょう。 ❸ スプレーの噴出口より、少し直径が小さい透明チューブを使いましょう。 ❹ ガラススクイジーは、柄の部分を外しておきます。
製作過程	❶ スプレーの噴出口からノズルを外します。 ❷ 噴出口に透明チューブをはめ込み、接着剤で固定します。 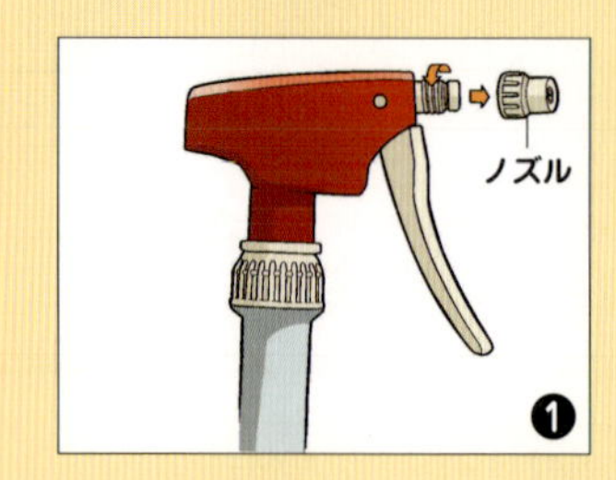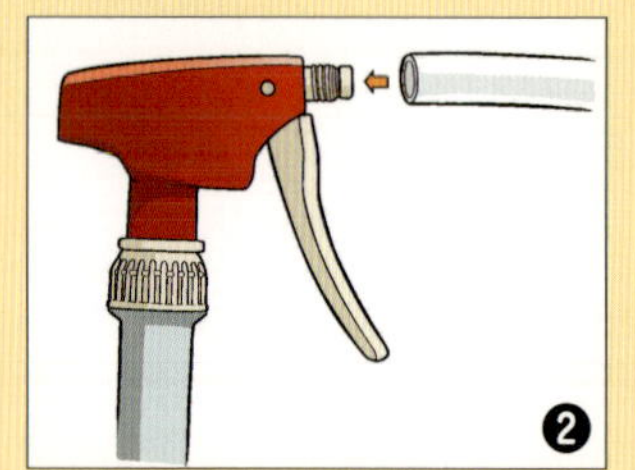

＊ガラススクイジー　ガラスを清掃するためのＴ字型の道具（右ページ右下の絵を参照）。

製作過程

❸ ガラススクイジーの柄の端に、透明チューブを通す穴を開けます。

❹ 柄の反対側の端にも❸で開けた穴と一直線になる場所に、スプレーのノズルを取り付ける穴を開けます。

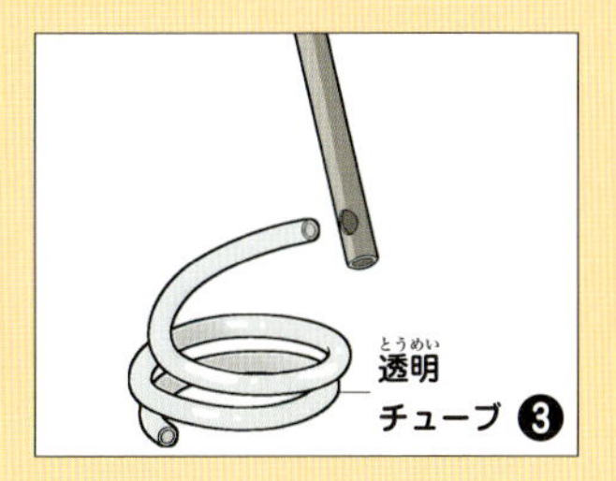

❺ 穴を開けた柄をスプレーの上部に強力接着剤と粘着テープを使って固定します。

❻ スプレーの噴出口に固定した透明チューブを、柄の穴に入れます。

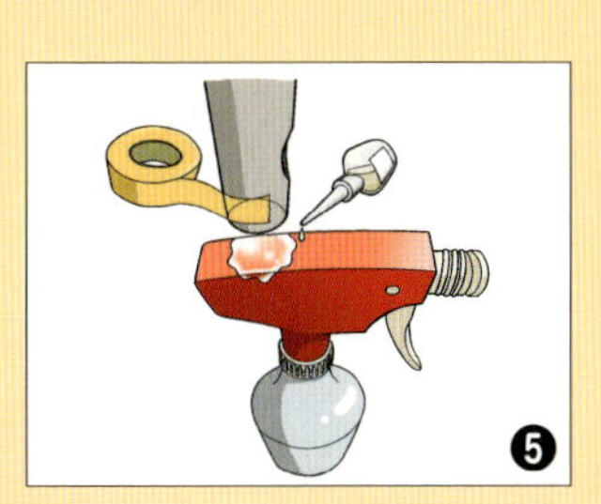

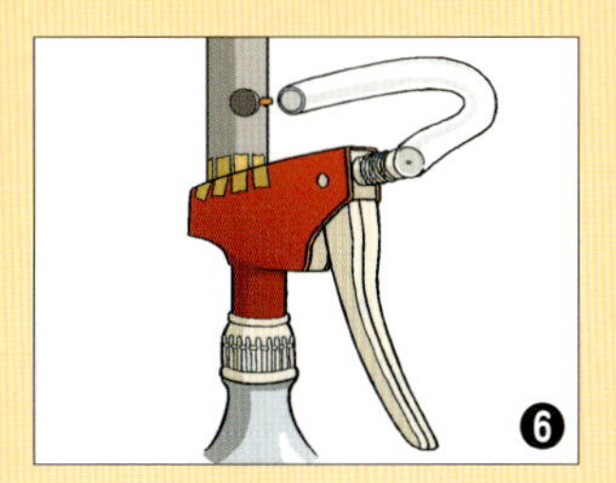

❼ 柄のもう１つの穴から透明チューブを引き出して、その先にスプレーのノズルを取り付けます。取り付けたノズルは強力接着剤を使って柄に固定します。

❽ 柄の先に、取り外しておいたガラススクイジーを取り付けます。

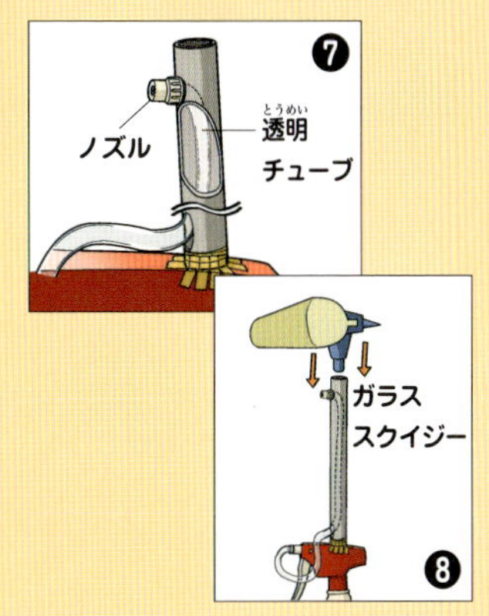

使い方	❶ スプレーボトルに洗剤を入れる時に、噴出口に付けた透明チューブを外しておくといいでしょう。 ❷ 磨きたいところに洗剤を噴射して、ガラススクイジーで磨きます。  
特徴	❶ 準備するものが少なく、製作過程もやさしいので、簡単に作ることができます。 ❷ ガラスを磨く時に、好きなところに洗剤を吹き付けることができ、またガラススクイジーと洗剤を２つ持つ必要もありません。

ピストンポンプの原理を利用したスプレー

スプレーは、圧力を調節するためにピストンポンプの原理を使っています。ピストンポンプとはピストンの往復運動によって吸収と排出をするもので、スプレーにある引き金型の持ち手がピストンの役割をしています。まずスプレーの持ち手を握ると、図❶のようにピストンが押されてスプリングが圧縮され、それによってポンプ内部の圧力が高くなります。持ち手を放すと、圧縮されていたスプリングが緩んで図❷のようにピストンが元に戻り、圧力が下がったポンプ内部には、下にあった液体が入ってきます。もう１度持ち手を握ると、ピストンが押されて❶と同じ状態になって圧力が高まり、ポンプに溜まっていた液体が図❸のように噴出口の方に出ていくのです。

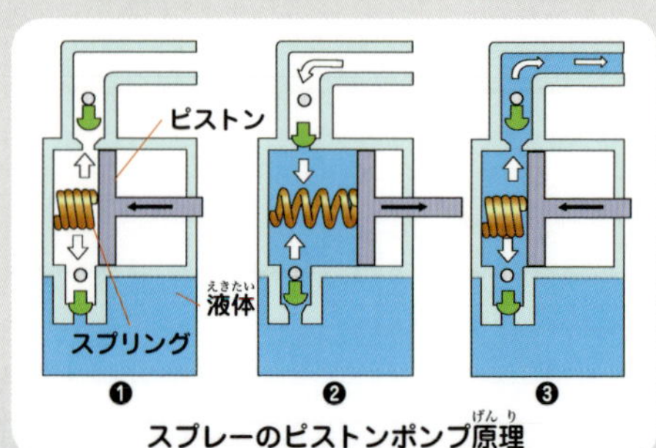

スプレーのピストンポンプ原理

博士の発明室２

発想の転換、逆発想

逆発想とは当たり前だと信じていた
固定観念を破り、反対に考える
発想技法で、創意性の基本とも言える。

昔々、ゴルディアス王がゼウス神殿に複雑に
結び付けた牛車があり、これをほどいた者は
アジアの支配者になるという
伝説があった。しかし誰も
ほどくことができなかったんだ。

年月が過ぎ、神殿を訪れたアレキサンダー大王は
その結び目をほどくのではなく剣で切り、
伝説通りアジアの支配者になった。
このように逆発想とは問題を新たな
観点から見つめ直すことなんじゃ。

第5話

勝敗を分けた要因

審査委員
審査委員
審査委員

ワー
ワィ
ワィ
サラ
サラ
カサ
お預かりします。

さて、集計の結果が出ましたね。
ザワ
ザワ
スク
3回戦の２人は前に出てください。
はい。

今回の審査基準は、これまでとは少し違うようですね。

審査委員から説明していただきましょう。
基準が違う？

はい。
この対決には
特別課題が
ありました。
反対にする発明技法は、
これまでの固定観念を破るという
過程が必要なため、
少しでも参考にしてもらおうと
ブレインストーミングを
行いました。
ブレインストーミングを
点数に入れようと
いうのか？
ドキン
まさか！
特別課題も３回戦の対決の
過程ですので、討論に
対する姿勢、発明品との
関連性などが点数に
反映されます。
半身浴槽は
ブレイン
ストーミングとは
関係ない……。
いや、
それでも
大丈夫だ。

ナレ小の
コナン君の
点数から
発表します。
ワー
インターネット
投票の点数は
60点満点の
52点。
ワー
だがインターネット投票なら、
テボムも負けないだろ？
いいぞ。
これまでの
最高得点
だ！
オオッ
そうね。勝負は
ほかで決まるわ。
？
テーマとの
関連性、8点。
ワイ
経済性7点、
実用性7点。
やけに
高い得点だな。
ワイ
そうね。
もう74点よ。
見たか、テボム！
これが僕の実力だ。
フッ
創意工夫性……。

ピク
5点?!
10点満点の
5点で……、
計79点を
獲得しました。
ザワ
思ったより
低い点数だな。
79点か？
ザワ
最後が5点
だったからな。

テーマとの
関連性10点満点の
7点。
ドキ
インターネット
投票50点。
続いて
せり小学校の
テボム君の
点数を
発表します。
ドキ
ドキ
経済性8点、
実用性8点。
なぜこんなに
点数が……。

ドキン
創意工夫性
8点で……。

計81点です。
勝ったぞ！
ワー
2点差で勝った。
オオ〜
さすがエースだ！
やるじゃないか〜。
キャ〜
フッ
やった。勝ったわ！
どうしました？
クラッ
同点とはね……。
おぼっちゃま。
第３回戦はテボム君の勝利……。
待ってください！
この結果は納得できません。
サッ
なぜ僕の創意工夫性が５点なんですか。
説明してもらえませんか？
ジャン
ザワ
ザワ
……。

そうだ。
つまらない卵ケースより、ずっといいぞ！

コナン君は半身浴槽を作ろうと考えてきたのでしょう？
考えている発明品があります。

そ、そうです。
ギク
対決前に準備してくるのがいけないんですか？

もちろんいけないことではありません。ただ3回戦には特別な条件がありました。
創意工夫性の点数はブレインストーミングと発明品との関係を基準に評価しました。

ブレインストーミングを反映してはいませんが、半身浴槽は素晴らしい発明品だと、私は思いますよ。
う……。

討論内容を無視して作ったんだから、
当然の結果ね。
自分のワナに
自分がかかって
しまったな。
フッ

わ……、
分かりました。

まさか
逆転されない
だろうな。
ど、
同点?!
お、
落ち着いて。
ウアァ～

パッ
これまでの
点数は、
両チームとも
221点で同点
です。
1回戦 2回戦 3回戦 4回戦 合計
ナレ小 71 71 79 221
せり小 67 73 81 221
ワー

最後の
4回戦の2人は
前に出てください。
ユハン……。
は、
はい!
ハッ
俺の番だ。

どうかな……。
最後のカードが
あれじゃ無理かもな?

ポン
ビクッ

パチ
頑張ったんだから、
きっと大丈夫。

ちょっと
勝ったから
って……。
スタ
スタ

この発表は
せり小のユハン君から
始めます。
ザッ
そうだ！
ドキ
ドキ
ドキ
勝敗じゃない。
自分らしく
発表するんだ。
ドキ
ワー

あー。
マイクテスト。

せり小のユハンです。よろしくお願いします！
ペコ
ゴン
ワハハハ

ハハ
発明を始めてまだ2カ月なもんで。
発明後2カ月
ユハン→
発明の新生児と言えるかもしれません。
オギャー。
自分で描いたのか？
ハハハ
何だありゃ。
ワイ
面白い奴だな。
ワイ

発明は特別な人だけができるんだと思ってました。
でもある日、偶然にテボムと会って発明をすることになって、初めて気付きました。
発明は難しいことではなく、楽しいことなんだと。
ほら～。難しくないよ～。
パッ

ダラ〜
パッ
キラッ
エヘヘ
備品
見てください。左の写真が２カ月前の自分だとすれば、
右は「発明の楽しさを知った」ユハンの姿です。
フッ
そう言う意味では、僕も「加える発明」の１つかもしれません。
何か説得力あるな。
備品
いつあんな写真を？
面白い発表だな。

オオ〜
独特のユーモアで会場が和んでるわね。
こんな発表初めてだわ。独創的ね！
コク
コク
へへ

良い発明は、不便さを解消しようとすることから始まるように……。
スタ
スタ

自分が不便だと思ったことからアイデアを得ました。
パッ

ジャン
うわ、よく書いたな。
マインドマップか。
ワー
フッ
短い時間でよくあれだけ書いたな。

独特な発表ですね。
ええ。マインドマップを見ると、観察力もあるようですね。
コク
この発明のテーマは「長さを加える発明」です。
例えば、短い足にはしごを付けると長くなるでしょう？
今まで遅刻ばかりだったので、よくバツ掃除をしました。
マインドマップを書いてたら、その不便さを思い出したんです。はしごを使って高い窓を拭く時に移動するのがとても不便でした。

足に何を付けるって？
?

そこでこう考えたんです。
ジャン
自分の足にはしごを付けたらどうだろう？

ピッ

それで、
この「履くはしご」を
考えたんです！
ジャーン
サンダルみたいに
履けるのね。
すごいぞ。
お～。
便利そう
ね。
ワィ
ワィ
設計図の通り、
はしごの足の部分を使って
作りたかったんですが、資材置き場には
ありませんでした。
長さを調節できる三脚を
見つけて、はしごの代わりに
ピッタリだと思いました。
それで
はしごの代わりに
三脚を使いました。
そうか。
コク
それは
よか……。
え？
ま、待て。
じゃあ、自分で作ったのか？
ガーン

まず
三脚の足の部分を
切ってそれぞれ
取り付けました。
ザッ
ピッ
そしてベルトを付けて、
足を固定できるように
しました。

本当に使えるのか？
あれ
欲しい。
登り降りしなくて
いいかもな。
実物は
ないのかな？

三脚で
作った、
はしご靴の
登場です。
お待たせ
しました！
バッ
ゲッ
止めろ！
実物は
……。
?
どうしたの？
ここで
終わる方が
マシだ。

バサッ
ボロッ
シ〜ン
これで
高い(たか)ところの
窓拭き(まどふ)もラクラク。
はしご靴(ぐつ)！
アハハハ
クッ
だから
言った(い)のに。
エ〜
何(なに)、
あれ？
サルが作っ(つく)ても
あれよりマシだぞ！
プッ
ひどいな……。
アハハ
ワハハハ

あいつは幼い頃から
不器用な奴だった。
何を作らせてもダメなんだ。
ウワ～ン
作ってやったぞ～。
俺の大事なプラモデルをいくつダメにしたことか。
だ、大事なのは見た目じゃないから……。
ハハ……
私より不器用な子は初めてだわ。
使い方は簡単です。
トン
マジックテープで足を固定すれば……。
ザッ
ジャン
装着完了。では、実際に歩いてみます！
大丈夫かしら？
ザワ
ザワ
心配だな。
ザワ
危ないんじゃないの？

便利だな～。
本当に……。
み、見て下さい。
ハァ
ハァ
ハァ
ヨロ
ヨロ
グラ
グラ
無駄な心配だったな。
結構丈夫そうね？
ザワ
危ない！
ザワ
ああっ。
ハッ
ガクッ
あ、危ない！
うわわ～。
転んで……。
ギュッ

あちゃ～。
……。
シ～ン
ぐふ！
ゴン
ウルッ
神様……。感謝します。
身長が足りない僕に、この発明品を与えてくれて。
スーッ

パチ パチ
バリッ
転んだように見えたけど？
オオ～
ああ。お祈りだったのか。
ワィ ワィ
面白いパフォーマンスだな～。
ハハハ

パチ
パチ
パチ
パチ
ワ〜

良かったよ。
本当か？

うん。
特に、
お祈りのところが。
キラキラ〜
おい、ふざけてるのか？
メラメラ
テボム……。
本当にこんな子と発明するのが楽しいの？

ユハン君の発表に続いて、次はボムス君の発表です。前に出てください。
はい！
スタ
スタ

不便さは発明の父!
パッ
こんにちは。ナレ小学校のボムスです。
ゴク
僕も、さっき発表したユハン君と同じように、不便なことをヒントに発明品を作りました。
俺と同じだって？
でもユハンの発表の方が笑えるよ。
ププ

僕の発明品は、
この！
「スプレー付き
ガラス
クリーナー」
です。
ジャン
ま、僕は遅刻をしたから
じゃなくて、母を
手伝おうと作ったんです。
フッ
ピク
本当に
ムカつく
奴だ。
フン
柄が長いモップなどを
使うと、高いところを
掃除することが
できます。
不便さは発明の父!
サッ
でも高い場所には手が届かないので、
洗剤をかけることができません。
シュッ
窓を
拭くたびにスプレーを
かけるのも面倒です。
パッ
そこで！
柄の先に
スプレーを取り
付けてみました。

ガラス
スクイジー
ノズル
柄
透明ゴムチューブ
スプレーハンドル
スプレーボトル
スプレーを分解して、スクイジーの柄の部分に取り付けました。
そして、柄の中に透明ゴムチューブを通して、ノズルとつなげています。
ピッ
パッ
みんなによく分かってもらうために、
ザッ
水に赤い絵の具を溶かして、
ゴムチューブと柄は、
スーッ
透明なものを使っています。ちゃんと見えますか？
簡単にできそうだな。
ワィ
赤い液が上がっていくの？
ワィ
オオ～
うまくいくかな。
ワィ

不便は発明の父
プシュ
キュ
は発明の父
キュ〜ーッ
ワァー
へえ。
ちゃんと消えたぞ。

どうですか？簡単に窓を拭くことができます。
ピカ
ピカ
パッ

これなら危険なはしごを使う必要もありません。
フッ

本当にムカつく。
メラッ

相手の発表を利用してるわ。

これさえあれば、高い窓拭きも簡単にできます。
安全だし楽に終えられます！
サッ
危なくないし、良さそう。
ワイ
本当に簡単そうね。
ワー
ワイ
そうね～。
ワイ
うん。
インターネットは五分五分だな。ユハンは発表が良かったようだ。
思ったよりつまらない発明だな。
フン
いいえ、よく考えてあるわ。
相手の発明品の弱点も指摘してるわ。

でも俺ははしご靴を
使ってみたいな。
ワィ
ワィ
そりゃ、
チビだからな。
ワィ
ユハン、
ファイト。
インターネット投票で、
ジェスが予想外の点数を
獲得したのを
忘れたのか？
ムカ
ムカ
まったく見る目のない
奴らだ。

全ての発表が終わりました。
第４回戦の２名は
前に出てください。
ウヌヌ

最後にお互いの発明品に
ついて言いたいことは
ありますか？
あ、
ありません。
ぐふ！
あります。
最後の体を張った
ギャグは面白かったよ。

悪いな。忙しいんだ。
では今から、集計に入ります。
後で覚えてろよ。
ガルル
今のところ、両校とも221点で同点です。
この最後の対決がどうなるのか、本当に楽しみですね。

ドキン
ドキン
ドキン
ドキン
さて、集計の結果が出た模様です！
バン

2月1日

毎日半身浴、その結果は……？

家族でテレビを見ていたら、半身浴についての番組があった。熱いお湯や気体は上に上がる性質があって、人間も上の方に熱が集まりやすいが、半身浴は血液の循環を良くして、熱を手や足にまで循環させてくれるらしい。人間は一定の体温を維持しなければいけないが、半身浴はその体温維持にも役立つようだ。

最初に半身浴に興味を持ったのは母と姉だった。その理由は美容のためだ。体のむくみがなくなったり、皮膚がきれいになったりするという話で、半身浴にはまったようだ。それに内臓の温度が１度上昇すると基礎代謝量も10％ほど上がるので、半身浴20分で、約30分ウォーキングするのと同じダイエット効果が期待できると知ってからは、毎日欠かさず半身浴をやっている。しかし父は半身浴ブームに批判的だ。雨不足などで水がない時もあるのに、毎日半身浴をするのは水の無駄遣いだというのだが、どうも来月の水道代が心配らしい。理由はどうあれ、水をたくさん使うのは事実だ。

待てよ？　半身浴の原理は下半身を温めて血液循環を良くするものなんだから、水以外のもので温めたらいいんじゃないのか？　例えば、温かい空気なんかで。

＊半身浴の問題点
水を浪費している。
時間が経つとお湯が冷める。

発明ノート１

半身浴の正しい方法と効能

❶ 体温より少し高い37～38℃くらいのお湯を浴槽にはります。
❷ お湯が熱い時は下半身から徐々に浸かるようにします。
❸ 胸の下くらいまでお湯に浸かり、肩や腕はお湯に浸けないようにします。
❹ 半身浴をする時間は20～30分程度が適当です。
❺ 半身浴をすると汗などで体の水分が奪われるので、しっかりと水分補給をしましょう。

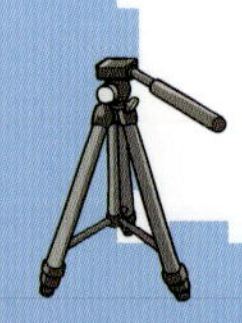

2月3日

発明にも順序がある！

素晴らしいアイデアだからといって、何でも発明に着手するわけにはいかない。似たような発明品がもう世の中に出ていないか、調査してからだ。

まず半身浴ができる施設にはどんなものがあるか調べてみると、銭湯などを利用するというのがあった。銭湯は浴槽も大きく、ゆったりと浸かれるが、行くたびにお金がかかる。それに、お湯の温度が40度以上のところも多く、半身浴をするには熱過ぎる。

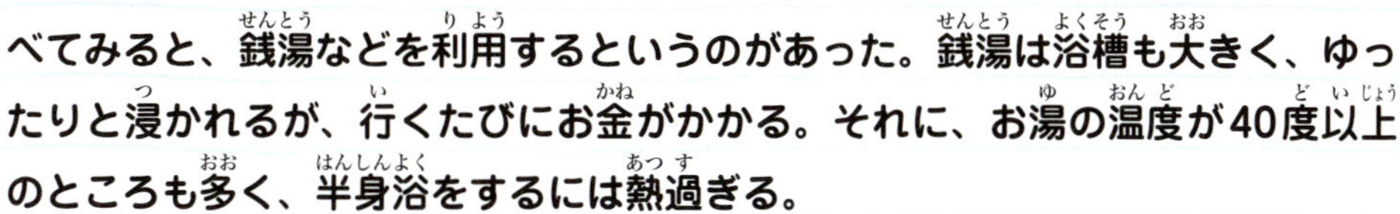

そのほかには、家の浴槽で半身浴をする方法がある。銭湯とは違って、半身浴に適した温度にすることはできるが、時間が経つとお湯が冷めるし、浴槽も冷たく感じることもある。それに半身浴をするには準備もしないといけないし、毎日ともなれば水をたくさん使うから、水道代も結構かかってしまう。幸い、今回調査した半身浴施設には、水を使わずに半身浴できる設備はなかった。水の代わりに熱い空気や熱で半身浴するものはなかった。

よーし！　これで心置きなく発明品を作れるぞ！

発明ノート2

特許庁

特許とはこれまでになかった物や方法を、最初に発明した人に与えられる権利で、ほかの人が真似したりできないように発明者を保護する制度です。

この権利は特許庁に書類を提出し（出願）、審査、登録などの手続きを経て得ることができ、出願した日から20年間保護されます。

特許庁の公式サイト（http://www.jpo.go.jp/indexj.htm）では、手続きの方法や料金など、特許に関する様々な情報を調べることができます。

2月4日 

水の代わりに水蒸気で半身浴？！

半身浴の意義が下半身を温め、下から上に熱を循環させることにあるなら、水を使う必要はない。ほかの方法で下半身の温度を上げたらいいんだから、熱い空気を使ってみようと考えたが、すぐに皮膚が乾燥してしまうと思ったので、この方法はパス！

それなら水の代わりに水蒸気はどうだろう？　お湯に浸かるより面倒はかからないし、半身浴の後に水を捨てないでいいから後片付けも簡単だ。よし、水の代わりに水蒸気を使ってみよう！　次に浴槽の形を決めなくっちゃ。少ないお金でも作れて、楽な形を考えてみたが……。どうせ腰から下だけ温めればいいんだから、椅子型がいいだろう。浴槽の中に椅子のように腰かけられるように組み立てて、フタを閉めて熱が逃げないようにするんだ。フタを閉めたら読書台にも活用できるようにしたい。水蒸気で半身浴をしながら宿題すれば時間の節約にもなるし、健康にもなるし、いいことばかりだ。よーし、やるぞ！　あ、そうそう。材料費をなるべく安くして経済性も高めるぞ。

発明ノート３

水の気体状態、水蒸気

水を加熱して少し時間が経つと、小さな気泡ができます。加熱すればするほど大きくなり数も増えるこの気泡は、水から水蒸気に変わったものです。このように液体である水が気体である水蒸気に変化する現象を「沸騰」と言います。ビーカーに水を入れて加熱し、しばらく沸かしていると水が減りますが、それは液体である水が気体である水蒸気に変わって空気中に出て行ってしまうからなのです。水蒸気は主に工業分野で動力源として利用されていましたが、最近では家庭用のスチームアイロンやオーブンなどにも使われており、使用範囲が広がっています。

蒸気機関車　水を加熱して発生する水蒸気の力を動力源に、列車の車輪を回す。

2月7日

水を使わない半身浴用の浴槽

僕は物置に行った。この前、姉が使わないと言って解体した木の机を探すのだ。あったぞ！　しばらくして、数枚の木の板を発見した。サウナなどで使われるような水に強い木材じゃないけど、鉄やアルミニウムのような金属に比べたら、ずっと作りやすいだろう。

浴槽の大きさはどれくらいがいいかな？　うちの家族で一番体が大きい父を基準に考えてみよう。今は半身浴に何の興味も持ってないけど、水道代の心配がないこの浴槽なら使いたがるかもしれないし。

まず、浴槽の両側に腕をのせるところを作って、右手のところにデジタル温度調節器と電源スイッチを取り付けてすぐに手が届くようにした。水が必要ない半身浴用の浴槽で一番重要な「水蒸気を発生させて循環させる装置」は、椅子の座面の下に作ろう。制御装置は漏電を防ぐため、湿気と完全に切り離した場所に設置しよう。

よし、設計図が完成したぞ。危険な作業をする時は大人がいないといけないから、父が帰宅するまで待たなきゃ。明日には水のいらない浴槽で、半身浴を楽しめそうだ！

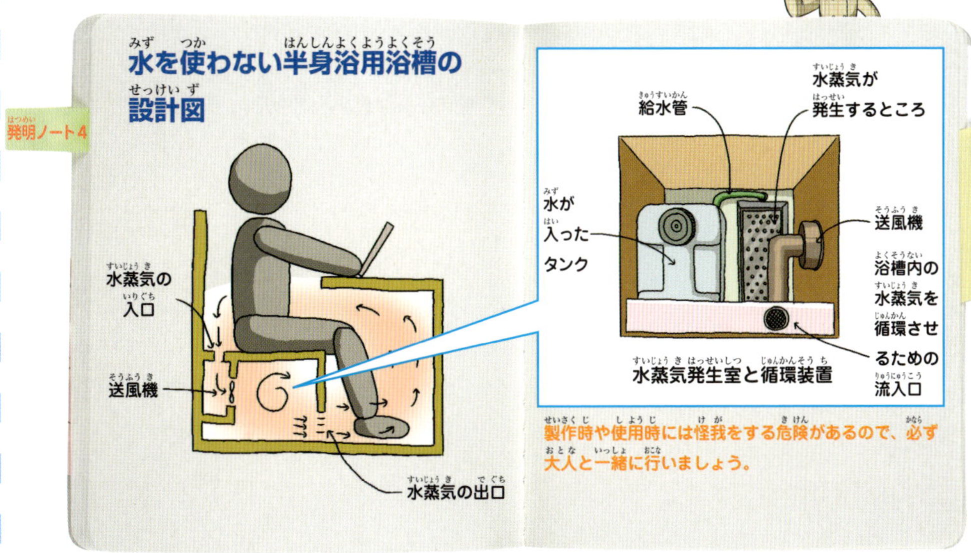

第6話

最後の対決の行方は？

翌日
チュン
チュン
トボ
トボ
ユハン。
まさか！
ダダッ
お前が遅刻しないなんて、どこか悪いのか？
ガシ

はぁ〜
グッタリ
あ、分かった。
俺が作った名作、「オキズニイラレナーイ１号」を早速使ったんだな？

ギン
ギン
ハァ〜
いや、一睡もできなかった。

一睡も？
なぜ？

ヒソ
ヒソ
あいつらにどんな顔して
会ったらいいか、
心配じゃないのか？

昨日のことでか？
オーバーだな。
フン
お前の無神経さが
うらやましいよ！

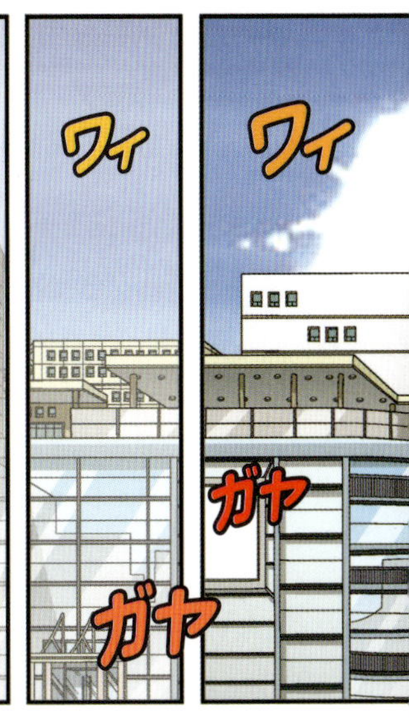
ワィ
ワィ
ガヤ
ガヤ

	ユハン	ボムス
インターネット投票	40	
テーマとの関連性	8	
創意工夫性	6	
実用性	4	
経済性	5	
合計	63	

	ユハン	ボムス
インターネット投票	40	42
テーマとの関連性	8	9
創意工夫性	6	8
実用性	4	9
経済性	5	8
合計	63	76

点数に差がついた理由が気になるのかい？
ユハン君、三脚で作ったはしご靴を見せてもらったよ。

サッ
え、誰……？

点検？
それだけじゃないよ点検するのを怠ったからだ。
それは、見た目が悪いからかな……。
いいや。

その結果を元に改良品を作って、
１度作って実験し、
どんな発明品も、絶対に点検する過程が必要なんだ。
また使ってみて作り直すことが必要なんだ。
足板を小さくするか。
うわっ。
OKだ！
改良だ。

テボム君が卵を安定させるのに、何度も揺れる回数を調べていただろう？
ブラ〜ン
ブラン
ブラ〜ン
サッ
サッ
そんな努力の積み重ねがあって初めて、より良い発明品を作り出すことができるんだ。
あ……。

今日の僕は……。
？

アハハ
カバンも持たずに学校に来たようなものだったかも。
へへ

忘れないようにね。
最善の結果を出すには、それだけの点検と改良が必要だということを。
コク

分かったかい？
はい！

時間の無駄
だったぜ。
ククク
ムカッ

フフン
そんなことも
知らない奴と
対決してたとはな～。
ギク

フン
いつに
なること
やら～。
基本さえ分かれば
お前なんか！
見てろ。
果たし状

メラメラメラッ
以上、
297点対284点で、
ナレ小学校の
勝利です。
ワー
ワー
ワー
パチ
パチ
パチ

覚えてるよ〜

結局、俺たちのせいで負けたんじゃないか。
ハァ〜
俺はゴムゴムガイザーに出会えたから、どうでもいいぞ〜。
ウフ

ムカッ
対決に負けたことより気に入らないのは、

ヒヒヒ
修業して出直せよ〜。
クワッ
あいつにからかわれることだ。ムカつく〜！
俺もゴムゴムガイザーがいなけりゃ、悔しがってたろうな。
プラモデルサイトの掲示板は大荒れだったんだ。
フー
プラモデル会員が発明なんて最低！
あんなの誰でも作れるぞ。
でも俺は13点差じゃないしな〜。
エヘヘ
それでも友達か？

とにかく、
バカにされたままじゃ
いられない。
ウヌヌ

クッ
そりゃそうだ。
あっと言わせて
やる！
発明なんて大した
ことないだろ？
あれくらい、
俺でも
できるぞ。
パッ
パッ
恥ずかしく
ないのか？
パッ

俺たちだって、
メインキャラ
なんだ！
そうだ。
生まれ変わって
やる！
ジャン

？
やるぞ〜！
？
？

ハハハ
ワー
ワィ
ワィ
ピタ
ジャン
ど、どうする。
教室に入ったら、みんな驚くかな？
来たぞ-!
13点差だって？
昨日のざまは何だよ。
俺、転校したい……。
クル

ユハン。
ポン
ビクッ

ついに、この時が来たか……！
お、
ハハハ
おはよう。

ジェスも良かったぞ。
ダダッ
いつも無口なのに、ちゃんと話せるのね？
昨日、インターネットで見たぞ。
ワラ
ワラ
お前の発表が一番良かったぞ。
2人とも見直したぞ。
ワラ
な、何だ。この状況は……?!
ワラ
本当にすごかったよ。
ええっ！

あ、ありがと……。
ゆ、夢か？

キョトン
見せてよ。
これも作ったのか？
ワィ
ワィ
あ、ああ。
あのはしご靴、俺にも作れるかな？
俺にも作ってよ。
ユハン、すごいな！
ワィ
あ、ああ。できるよ。

スタ
誰が廊下で
大騒ぎしてるのかと思ったら。
お、おはよう！
あ、アルム。
何を
そんなに
騒いでるの？
お～、
来たのか？
ワイ
いつ転校してきたの？
君が
アルムか～。
昨日の
対決見たぞ。
ワク
発表、
見たぞ。
ワイ
ワク
わあ、
みんな大騒ぎだね。

紫外線防止テント付きカバン
イケメン～。
何だ？　その格好は……。
ワイパー付きサングラス
みんな、おはよ～！
素敵～。
どこで買ったの？
ジャン
格好いい～。
昨日作った新作さ。放課後には生活計画表時計を作ろうと思って。
ザッ
一緒に作るよね？
い、一緒に？
ハハハ
その格好で近寄るな。
ね。
ね？
コソコソ

あいつら、
テボムがいないと何もできないと思ったが、
結構やるな。
おいおい。
学校の名誉を汚したくせに、
楽しそうだな。
私も～。
今日は休もうよ～。
そんなこと言わないでよ～。
やりた～い！
私も入れて。
それにアルム。
素早い情報処理能力と冷静な観察力だったわ。
まず、ジェス。
ミョンインに負けないほどの器用さ。
いいえ、
それ以上だったわ。
そして
ユハン……。
少しの間だったけど、
あの集中力は目を見張るものがあった。
このままでは
危険だわ……。

放課後、集合よ。
今日から発明大会の準備を始めるわ。
クル

ドン
あっ。

エナ君。
発明大会の準備は来週からにしたらどうかね？
ホホホ

あ、校長先生だ。

どうしてですか？

おお、Bチームのみんなもおったのか。
昨日の結果は残念じゃったが、みんなの実力を見せるいい機会じゃったな。
バサ

発明クラブが2つできたことは、科学の名門である我がせり小発展のためにもいい機会だと思ったんじゃ。
仲間でありライバルでもある両チームが、競うことでお互いを高めあう作戦じゃよ。

フン
実力が違うのに競えるもんか。
ホホホ
聞いてな～い
両チームの親睦を深めるために、
みんなで発明キャンプに参加せんかね？
ガーン
は、発明キャンプだって?!
『発明対決⑥』もお楽しみに！

熱の移動

　冷たい手で温かい缶コーヒーを触ると、冷たかった手が温かくなります。しかし、手が温かくなった分だけ、缶コーヒーの温度は冷めてしまいます。このように熱は１カ所に止まっているのではなく、全体的に均一になるまで移動を続けます。このように熱が移動する方法には、伝導、対流、輻射の３つがあります。

熱の伝導

　カゼをひいて熱が出た時、額に冷たい濡れタオルを当てると、熱が冷めていきます。また、床暖房をつけた床に座ると、お尻も温かくなります。このように、接触を通じて熱が伝わることを「伝導」と言います。

　熱が伝わる速さは、固体を構成する物質の種類によって異なります。例えば銀や銅、鉄のような金属は熱がよく伝わり、木やプラスチックなど金属でないものには熱はあまり伝わりません。金属でできた鍋の持ち手がプラスチックでできているのも、このような理由があるからです。

身近な伝導　アイロンの底（かけ面）は金属でできていて熱がよく伝わりますが、持ち手はプラスチックでできているので熱くなりません。

熱伝導率

　冬場、室外に置いてあった木の棒と金属の棒を触ってみると、金属の棒の方がより冷たく感じます。また、コンロの火に割りばしをかざして端が燃えても手は熱さを感じませんが、金属のスプーンをかざすと熱くてすぐに持てなくなってしまいます。これは金属が木よりも熱を伝える能力、すなわち熱伝導率が高いからです。物質はそれぞれに熱伝導率が異なっているので、下の図のように熱を伝える速さも異なります。

物質の伝導率

熱の対流

身近な対流　熱気球はバナーで空気を加熱し、温まった空気が上に上がる性質を利用している。

液体と気体を加熱すると、温まった物質は軽くなって上に上がり、冷たい物質は下に下がって物質の循環が行われます。このように熱によって密度の差が発生し、物質が移動することを「対流」と言います。

このような対流現象は地球の大気を循環させて、風を起こしたりもします。昼間、陸上は海上より早く温かくなり、その上の空気も温まって上に上昇します。すると、その空いた空間を埋めようと海上の冷たい空気が陸上に移動するので風が起こるのです。このような仕組みで、海辺では昼間は海から陸に吹く海風、夜は陸から海に吹く陸風が起こります。また、対流による空気循環は、地球の温度を一定に保つ役割もあります。もし対流が起こらなければ、赤道周辺は今よりもっと温度が上がり、極地の周辺は今よりずっと寒いでしょう。

熱の輻射

身近な輻射　舞台の上に設置された照明は、光を当てるだけでなく熱も伝えるので、舞台の上は熱い。

太陽と地球の間はほぼ何もない真空状態ですが、太陽の熱は地球上にしっかりと伝わります。このように、間に何もない状態でも熱が直接的に伝達することを「輻射」と言います。ストーブの前に手をかざした時、ストーブに当たっている面だけが温まるのも、この輻射によるものです。輻射は光自体が熱を伝えるので、光を遮ると熱が伝わらないという特徴があります。

また、伝導や対流より熱の移動速度が速く、特に真空状態では最も速く伝わります。

おまけ

せり小親睦

ユハンの家

エナの家

発明キャンプ1日目

テボムの家

カプスの家

せり小親睦

ジェスの家

ミョンインの家

発明キャンプ1日目

ヨンシル先生の家

アルムの家

⑤ 考え(かんが)を覆す(くつがえ)発明(はつめい)

2015年２月28日　第１刷発行
2018年７月20日　第３刷発行

著　者　文　ゴムドリ CO.／絵　洪鐘賢(ホン ジョン ヒョン)
発行者　今田俊
発行所　朝日新聞出版
〒104-8011
東京都中央区築地5-3-2
編集　生活・文化編集部
電話　03-5541-8833（編集）
03-5540-7793（販売）

印刷所　株式会社リーブルテック
ISBN978-4-02-331372-9
定価はカバーに表示してあります

落丁・乱丁の場合は弊社業務部（03-5540-7800）へ
ご連絡ください。送料弊社負担にてお取り替えいたします。

Translation：HANA Press Inc.
Japanese Edition Producer：Satoshi Ikeda
Special Thanks：Park Hyun-Mi / Moon Young
Lee Hye Ji（Mirae N Co.,Ltd.）

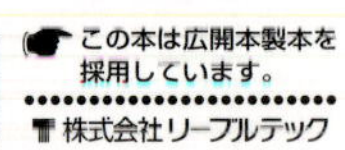

読者のみんなとの交流の場、「ファンクラブ通信」が誕生したよ! クイズに答えたり、似顔絵などの投稿コーナーに応募したりして、楽しんでね。「ファンクラブ通信」は、サバイバルシリーズ、対決シリーズの新刊に、はさんであるよ。書店で本を買ったときに、探してみてね!

おたよりコーナー 1

ジオ編集長からの挑戦状

みんなが読んでみたい、サバイバルのテーマとその内容を教えてね。もしかしたら、次回作に採用されるかも!?

冷蔵庫のサバイバル
何かが原因で、ジオたちが小さくなってしまい、知らぬ間に冷蔵庫の中に入れられてしまう。無事に出られるのか!?(9歳・女子)

おたよりコーナー 2

キミのイチオシは、どの本!?

サバイバル、応援メッセージ

キミが好きなサバイバル1冊と、その理由を教えてね。みんなからのアツ〜い応援メッセージ、待ってるよ〜!

例 **鳥のサバイバル**
ジオとピピの関係性が、コミカルですごく好きです!! サバイバルシリーズは、鳥や人体など、いろいろな知識がついてすごくうれしいです。(10歳・男子)

おたよりコーナー 3

ピピが審査員長! 2コマであそぼ

お題となるマンガの1コマ目を見て、2コマ目を考えてみてね。みんなのギャグセンスが試されるゾ!

例 **お題**
井戸に落ちたジオ。なんとかはい出た先は!?

地下だったはずが、なぜか空の上!?

おたよりコーナー 4

みんなが描いた似顔絵を、ケイが選んで美術館で紹介するよ。

例

上手い!

みんなからのおたより、大募集!

❶コーナー名とその内容
❷郵便番号
❸住所
❹名前
❺学年と年齢
❻電話番号
❼掲載時のペンネーム(本名でも可)

を書いて、右記の宛て先に送ってね。掲載された人には、サバイバル特製グッズをプレゼント!

●郵送の場合
〒104-8011 朝日新聞出版 生活・文化編集部
サバイバルシリーズ ファンクラブ通信係
●メールの場合
junior @ asahi.com
件名に「サバイバルシリーズ ファンクラブ通信」と書いてね。

ファンクラブ通信は、サバイバルの公式サイトでも見ることができるよ。

※応募作品はお返ししません。※お便りの内容は一部、編集部で改稿している場合がございます。

本の感想や発明メモを書いておこう。